林熙泽 著

你的格局有多大，世界就有多大

WUHAN UNIVERSITY PRESS
武汉大学出版社

图书在版编目（CIP）数据

你的格局有多大，世界就有多大/林熙泽著．—武汉：武汉大学
出版社，2018.11
ISBN 978-7-307-20605-2

Ⅰ.你…　Ⅱ.林…　Ⅲ.人生哲学—通俗读物　Ⅳ.B821-49

中国版本图书馆 CIP 数据核字（2018）第 254930 号

责任编辑：荣　虹　　责任校对：李孟潇

出版发行：**武汉大学出版社**　（430072　武昌　珞珈山）
　　　　　（电子邮件：cbs22@whu.edu.cn 网址：www.wdp.com.cn）
印刷：三河市金元印装有限公司
开本：880×1230　1/32　印张：7.75　字数：127 千字
版次：2018 年 11 月第 1 版　　2018 年 11 月第 1 次印刷
ISBN 978-7-307-20605-2　　　定价：39.80 元

目 录

你的格局决定你的人生层次

心若开阔，满目皆是风景

看透生活，你不能永远天真

你认为的，有可能只是你以为

你的眼界，决定了你的境界

你的格局有多大，世界就有多大

你的格局决定你的人生层次

你不是坚守风格，你只是太狭隘

人们常说，不要只顾着眼前，要将目光放长远。因为只有将目光放长远，不计较眼前得失，才能从容不迫地获得成功。

常言道："争一世，不争一时。"面对挫折或者失利时，要能适当地妥协，要能不计眼前得失，把目光放远，给自己创造一个好的环境，全身心投入长远利益，那么眼前失掉的，以后都会得到。

于人于事都应如此。

生活之中不乏这样的人，他们总是为蝇头小利斤斤计较，为一点小事婆婆妈妈，到最后，失了气度，短了分寸，落了埋怨，丢了机会。他自己还落得满腹委屈："没有坑人害人，我做错什么了？！"其实你没有做错什么，只是太狭隘了。

这不禁让我想起之前看过的一篇文章，大意是说寒门再难出贵子，并不是说寒门的孩子不好，而是贫穷限制了他的想象力和视野。文中提到有的寒门的孩子会为了节约自己的开支，私拿公司的办公用品回家用；有一点点成绩会迫切地要求老板给予回报；一旦有接触钱的机会，会想方设法"省"出来一些给自己……这种种在生活和工作上的斤斤计较已经阻碍了寒门子弟的上升空间，且让自己的形象受损。

有些长辈常说："看他的为人处世，他这辈子也就这样了。"格局决定了他的上限。

支付宝红包盛行的时候，总能收到一个微信好友的消息，都是红包二维码。我跟他不熟，只有一次工作上的往来，平时从不联系。开始我并不理会，有一天晚上他照旧发来红包二维码，我有点烦了。我说，"兄弟你咋这么闲？"他说，"你在呀，你扫一下有红包，多的时候有十几块呢！"我说，"你多大了？

幼不幼稚还玩这个？群发就是在骚扰别人知道吗？就为了这几块钱？有时间做点正经事行不行？"他说，"我喜欢营销！"他居然把这个当成营销！在如此无关紧要的事情上耗费心神，他的人生实在有限。

我当时真想跟他掰扯一下营销和骚扰的区别，但是仔细想了想，还是算了吧。印象里，他30岁，单身，三线城市的工程监理，眼睛里透着自以为是的小聪明，所以也不奇怪他会为了几块钱的小便宜而忙活半宿。

他不是没有能力，也并没有做错什么，只是思想太狭窄，把精力用在了不该用的地方，这注定了他的人生只能局限在这些鸡毛蒜皮和细枝末节上。

我们可以想象一下这样的男人以后会是什么样子——基本是可以预见的了。

在《奇葩说》第二季的一期节目中，金星讲了一个她姐姐的故事。她姐姐从小成绩优异且立志长大后当一名教师，后来她考上国内名校，再后来出国留学，硕博连读。毕业后进了一家跨国企业，后来成为该企业的高管。她的丈夫只是一个小商人，收入还没妻子高。而她更是在最风光的时候，选择了回家相夫教子，所有人都大跌眼镜，尤其是金星的母亲，差点儿因为这个缘故跟她姐姐断绝来往。身边人都觉得，女博士、跨国企业高管，回家带孩子简直是浪费，简直是可笑！但是她毅然决然地回到家庭，先后抚养了两个儿子。她是高知母亲，把这两个孩子培养得非常好，且都上了美国名校，她丈夫的小公司，也因为她的指点发展得越来越好。而她自己，也在当地成了一位非常出名的母亲，在她 55 岁的时候，当地的一家学校聘请她为校长。此时她又实现了小时候的梦想。

如果没有看到故事的结局，我们都会觉得这样一位高知女性回家相夫教子，真的是太可惜了，可是我们往往只去关注开头，却忽视了结局，是我们太狭隘了。我们往往狭隘地认为只有在职场上崭露头角才算不浪费青春，只有事业有成才会让人竖起大拇指。我们过于看重眼前所得而忽视了更多重要的东西。

前段时间看到一篇文章，说的是一对 90 后小夫妻，生了俩娃，然后带着娃一起走遍世界各个角落的事儿。我觉得那才叫认真生活，而不是看别人怎样你就怎样。在此倒不是鼓励年轻人非得出去走才是人生，只是希望你别在芝麻小的圈子里迷失自我。别人的路未必就适合你。

其实，很多人并没有淡然处世的格局，若是一生碌碌无为，还安慰自己道平凡可贵。

再远大的理想，也需要一步步来抵达

很多时候，人们会不知不觉地忽略一些小事，比如每天读半小时书，每天锻炼一个小时，每天读十分钟英语，甚至每天和家人聊会儿天，这些可能是我们觉得无所谓的小事，或者三分钟热度坚持一段时间就放弃了的小事。

对于这些，虽然道理我们可能都懂，但是需要我们勇敢地付诸行动，只要每天进步一点点，人生就会大变样！可事实上能坚持的人很少，要么是坚持了也没有大进步。这是为什么？

想要大进步，就必须有不达目的不罢休的坚持——水滴石穿的坚持。古往今来集大成者，无一例外，皆是如此。

前段时间，电影院线又上映了成龙大哥的新片，看完后不禁感叹成龙大哥已过花甲之年，名利皆备，为什么还这么拼？看幕后花絮的时候，很多打斗动作都很危险，年轻人还好，六十多岁的人怎么经得起如此超负荷的工作？！可这么多年，成龙还是做了，一部部经典的片子与观众见面，看得出他的坚持，从当年的片场跑龙套的无名小卒，到如今的演艺界大哥，他一直都在坚持做一线，坚持拍戏，可谓一步步腾挪，一步步积淀。

不由得想起一位日本的茶道大师，他一生只做一件小事，从几岁做到几十岁，终成为茶道大师。

在中国也不乏匠人，做一件小事，坚持一生。我印象中有一家点心店，他们只做一种点心，百年老店至今生意红火，每天的食客络绎不绝，做一辈子点心，每天的食材采购、火候掌握、食材熬制，都精心记录。几十年如一日，着实不易。

一份坚持，一份用心，这背后也离不开规划。只有知道自己想要什么，心才不会流浪。

生活中有很多人在找工作的过程中会迷茫，到底什么样的工作才适合我？甚至有工作几年的人不断地跳槽、跨专业，但每一项专业技能都只学到了皮毛，令人唏嘘。

朋友的女友栗子是个有些小聪明的人，学东西也快，为人处世也非常圆滑。大专毕业之后她去幼儿园当老师，也挺能吃苦，绝不是三天打鱼两天晒网的人。只是干了两年之后，她觉得职业晋升通道太窄，想学点技术类的专业，于是就跑去学会计，考了会计证后就去一家公司实习，几乎零收入。她又受不了了，想想以后的路实在太长，或许几年也翻不了身。深入接触后她发现，平日工作就是在办公室对账，枯燥至极，以后的"职业行程"是初级、中级、高级，一眼望到了头，好没意思。

一年之后，栗子重新规划自己的职业生涯。新媒体热门了，她觉得这个挺好，又换了家公司做新媒体，开始写写画画，因文字功底一般，没少挨领导批评，领导让她多学多练，再学学设计，以提高审美。她开始每天不断地学，过了一阵，学得有些压抑，某一天便找了 HR 聊天，想换个部门。

HR 跟她说："栗子，这个世界上哪有一份工作和一个人是完全匹配适合的呢！都是人去适应工作！"

很多时候，不是你不够聪明、不够努力，而是不能坚持，不能把眼下的一件小事做好、做精、做透。当同龄人已经达到自己行业领域的专业水平时，你却还是某个行业的初学者，职位、薪资何止差一大截儿？

想要每天进步一点点，最后进步一大步，不仅要坚持，要规划，更要有全局观念，在一步一个脚印中寻求踏实感。

人生很短，没多少时间允许我们浪费

作家冯唐曾经在一期综艺节目里说，自己人生中的有效时间不多了，要尽可能地利用好时间，做些自己喜欢的事。

看到这里，已入中年阶段的八零后是否会觉得自己的有效时间也不多了？还是人生中的有效时间本就不多？

大明，男，独生子，单身，八零后。这些年一直做书店的店员，工资不高，却是一份清闲且又文艺的工作。他吃住在父母家，平时工资用来买书和旅游，日子过得悠然自在。

灵瑞，女，单身，八零后。这些年她一直做会计工作，努力学习各方面知识，努力兼职赚钱。靠自己的勤劳，在这个城市工作十年的她买了车和房，并创办了自己的公司，日子过得充实又辛苦。

一次，大明和灵瑞坐在咖啡馆里聊天，聊起这些年经历的事，灵瑞羡慕大明的无压力、清闲自在，大明则羡慕灵瑞能赚钱，有理想、有目标。灵瑞说："其实就在前两年我也跟你一样清闲自在，自顾自地生活，对钱没概念，想着怎么开心怎么活。大明，你猜，是什么一下让我转变观念，让我觉得自己太穷了？"大明没搭话，静静地看着灵瑞。

灵瑞一字一句地说："是因为我妈妈前年生病住院，需要十万元的手术费。我突然觉得自己好无能，三十岁了，十万元都拿不出来给妈妈。我才发现清闲自在远远没有我的妈妈重要，于是我努力赚钱。我并不喜欢钱，我只是喜欢我妈……"

人终究还是需要情感呵护的，绝大多数人被亲情、友情、爱情所牵挂着，被亲人、友人、爱人生老病死的变故牵绊着，唯一不变的就是与他们相处的时间越来越少。

只是，大多数人依然过着间歇性踌躇满志、持续性混吃等死的生活，当时间飞逝，有些事情我们不得不做的时候才发现，其实留给自己的时间真的不多了。

在电影《一代宗师》中，王家卫导演借着男主角叶问的台词来感慨时间的珍贵，叶问说："四十岁前是春天，四十岁后是冬天"，境遇和感受随着时间的推移而变化，真正留给你做事情的时间真的太少了。

眼下，我们可以"挥霍"的时间所剩无几，但也不要放弃，从现在开始珍惜时间，大不了是大器晚成；若是没成，起码你曾经努力过，曾经为自己做过一些有意义的事情。

让自己足够强大，比什么都重要

早些年，一家很小的黑人化妆品公司，名为约翰逊黑人化妆品公司，为了打开销路，它打的广告语是：当您用过佛雷公司的化妆品之后，再涂上约翰逊粉底膏，您将会得到意想不到的效果。佛雷公司当时是美国黑人化妆品的垄断企业，约翰逊这条广告语看着就是在捧臭脚，却因此而让更多人知道了约翰逊。

某年感恩节，杜蕾斯将此类借势方法又发挥了出来，在微博上掀起了与各大企业官微的文案对话高潮。先后"调戏"了小米、绿箭、李维斯等十三个大品牌，掀起了一系列的品牌联动。

显而易见，不管是美国约翰逊黑人化妆品公司还是当今的杜蕾斯，它们都曾渴望自己变得强大而"借势"，而它们最终的强大，其实并不是"借势"的结果，而是自身多年努力的结果。"巨人的肩膀"可能会让你一时借力，真正的成功还是让自己成为巨人。

朋友圈常有微商发一些和某某明星的合照，高管参加了哪些重要会议，看起来好像是拔高了自己产品的格调，会让一些人慕名而来，可真正能走长远的，靠的都是过硬的产品质量、良好的信誉和服务，以及优秀的企业管理机制。站在巨人的肩膀上的成功大多数都是昙花一现。前段时间有微商晒与奥巴马总统的握手照，以拔高自己的形象。据说一张握手照二十万元人民币，不少网友调侃道，奥巴马退休再就业了吗？最终该微商的形象没能拔高，反而成了笑柄。

踩着"巨人的肩膀"可能会让你很快达到一定的高度，但任何能让你有选择、有自由的状态都源于自身的强大，只有自己努力成为"巨人"，才不会被摔下、被控制。

看过这样一个古老的故事：一次，年轻的亚瑟王出游，不小心被邻国俘虏了，邻国的人并没有杀他，而是给他出了一道难题。如果回答正确就不再追究，给亚瑟自由；如果回答错误就杀掉亚瑟，期限是一年。那个问题是：女人真正想要的是什么？

亚瑟带着这个难题回到自己的国家，向所有人征求答案，问了各行各业的许多人，还是没得到一个满意的答案。

后来有人提议，让亚瑟去找一个老女巫，她可能有亚瑟想要的答案。一年的时间很快要到了，亚瑟依旧没有找到答案，别无选择，只好听从了人们的提议，去找老女巫要答案。可是女巫的交换条件是：她要和加温结婚。加温是亚瑟王最高贵的圆桌武士之一，是他最亲近的朋友。在亚瑟心目中，加温是他最好的朋友，是最高贵的武士，怎么能和眼前这个浑身腥臭、丑陋、驼背、恶心的怪物结婚呢？亚瑟拒绝了。这件事很快被加温知道了，加温说没有比拯救亚瑟和国家更重要的事情了，于是同意了女巫的条件。

女巫也给了亚瑟问题的答案：女人真正想要的是主宰自己的命运！

亚瑟被解救了，可是加温的婚礼让亚瑟再度陷入悲痛。尽管加温一再退让，可是女巫实在是丑陋不堪，让人厌恶。

新婚之夜，加温走进房间，看见一个美丽的少女躺在婚床上！加温正在发呆的时候，美女说："我就是白天那个丑陋的女巫，加温，你希望我白天是美女，还是夜晚是美女？"

加温陷入困境，应该怎么回答呢？如果白天向朋友展示的是一个美丽的女人，晚上就得面对丑陋的女巫。

结果加温没有做任何选择，而是对女人说："既然女人最想要的是主宰自己的命运，那么就由你自己决定吧！"

故事的结局很美好，女巫选择白天夜晚都是美丽的女人。这个故事中我们看到加温有大格局，为国家不遗余力，对丑陋女巫像绅士一样温和。这个故事其实应该还有另一层寓意，就是女巫为什么能主宰自己的命运？答案是她足够强大，能解决别人解决不了的难题。她有足够的能力去选择自己要什么，而不是被选择。她不用依靠别人，靠自己就能得到自己想要的。

老人们常说一句话就是靠人不如靠己，说的就是这个道理。这是从多少经验、多少失败中总结出来的道理。谁强大都不如自己强大，不要总想着投机取巧依靠巨人，且不说巨人的肩膀是否可靠，巨人本身就很少，能靠得上巨人的人毕竟少之又少。

从今天起，努力成为自己心目中的"巨人"，知世情而不世故，懂道理而不奸猾，有格局而不自大，虚怀若谷，积累能力，成就自己。

不计较，幸福才只与自己有关

德国哲学家费尔巴哈曾经说过："人活着的第一要务就是要使自己幸福。"这句话的另一层含意是：幸福是自己给自己的。

既然幸福是自己给自己的，那么是不是别人带给你的，不管是什么，都不应该阻挡你自己给自己幸福呢？

这几天刷微博看到谢杏芳大方街拍晒照，淡妆、美衣、健身、游玩，凭她嘴角的笑容和眼里的自信，不难看出她是个幸福的女人。当年"林丹事件"闹得沸沸扬扬，"吃瓜群众"巴不得谢杏芳天天以泪洗面痛苦不堪，然后怒甩林丹，结果他的"风雨同舟"。大家揣测着谢杏芳忍辱负重，保全家庭，并不幸福。只是大家可能没想过，你眼中的幸福是别人给你爱你才幸福，不给你就不幸福，而有的人的幸福却是自己给自己的，她的幸福来源是自己，而不是别人。就像谢杏芳，不管她跟林丹在不在一起，她都有能力让自己活得精彩，过得幸福。这种幸福是源于自己内心的力量，不会过分计较得失，不会计较付出多少；这种幸福不仅仅是知足带来的快乐，更是内心富足的淡定从容。计较多了，反而把幸福吓跑了。

有句话说："有一种女人嫁给谁都会幸福。"大概说的就是这一种吧——她们有自己的世界，她们的幸福是自己给自己的，计较少了，幸福就多了。

相反，如果计较多了，幸福就少了。有一段时间被《前任3》刷爆朋友圈，大家都在讨论前任，讨论逝去的青春。我看了《前任3》，只有一种感觉，就是两对情侣嫌感情太好了，花样作死。

明明深爱着的两个人为何走着走着就散了？如果是不爱了，好聚好散。可是还深爱着，他记得她换季会生病，为了她去KTV开大包厢；她也对他念念不忘，去他们曾经约定的地方，给他的地址也是在给复他们合的门路，可是最终他以为她不会走，她以为他会挽留，从此人生再无交集。故事看着既现实又凄美，只能说他们分手就是因为计较太多了，女人计较男人不哄她，男人计较女人太麻烦；女人计较男人不主动，男人计较女人太傲气。但凡有一方不计较这些鸡毛蒜皮的小事，两个人就不会分手。当男人站在广场上喊着"林佳我爱你"的时候，当女人吃芒果过敏一直在挠的时候，影院里好多人在哭。也许是在哭剧情，也许是在哭自己，如此斤斤计较导致错过……毕竟明明可以幸福快乐地生活在一起，因为计较太多，幸福没了。

现实生活中，我们也不难发现，越是计较的人越得不到想要的。前几天，一个朋友的父亲病危，他在朋友群内向大家请教一些后事的办理，包括需要买些什么，父亲的遗产怎么处理等，就聊起了他哥哥和嫂子争父亲遗产的事情。他们要把一套房子划到他们名下，可是母亲还健在，他们这样做着实令人寒心。原本有一部分遗产，朋友并不想要的，可是见他哥哥嫂子这样，朋友改变主意，决定一争到底。群里的朋友们也说，面对这样的哥哥嫂子，决不能便宜了他们，实在太让人生气。我心里想着，如果他哥哥嫂子要是知道，其实他和他母亲原本想给他们更多的财产，结果因为他们太计较，只能得到应得的部分，是不是会后悔？

蔡康永曾经分享过一个他父亲跟人打牌的故事。蔡康永的父亲和两个朋友去一位司令家打麻将，这位司令特别计较输赢，如果他赢了牌还好，如果输了，脸色就非常难看，甚至都不出门送客。司令家的院子里养了很多大型犬，每次司令输了牌，父亲和两个朋友就要战战兢兢地穿过院子。久而久之大家开始抱怨司令的牌品，渐渐没人愿意跟司令打牌了。在旧时的上海，打牌是人际交往的一种方式，司令这样计较，同时也影响了司令的人际关系，得不偿失。

所以说人若想获得幸福，一定不要太计较，相爱的人不要过分计较谁对谁错，与人交往不要过分计较付出谁多谁少，渐渐地你会发现平日里的阳光多了起来，爱人的笑容多了起来，亲人的关爱多了起来，朋友的帮助也多了起来。日子越过越好，生活变得平顺，眼界变得开阔，自会拥有更多的幸福美好。

这不是一个单打独斗的世界

常言道："一个和尚挑水喝，两个和尚抬水喝，三个和尚没水喝。"自己能做的事情就自己去做，只有自己去做了，才能有不一样的领悟。天下没有不劳而获的东西，也没有一劳永逸的事情。靠自己才能走得长远，走得稳健。

但我们又不能忘记，人是社会动物，并不是孤立存在的。在漫长的人生路途中，我们也会害怕孤单，也会需要他人的理解、关心和认同；我们也会有不容易渡过的难关，需要伙伴的支持和帮助。

个人英雄主义固然是让人热血沸腾的，但是我们也应该知道，一个人想真正的成功，就必须信赖你的团队、你的伙伴，因为这并不是一个单打独斗的世界，而你也不是百毒不侵的武林高手！

2004 年 6 月，14 年来第一次闯入总决赛的东部球队活塞遇到了堪称美国职业篮球赛事历史上最豪华阵容的湖人队。这是一场力量悬殊的比赛。湖人队拥有科比、奥尼尔、马龙、佩顿等明星球员，阵容超强，几乎每个位置上的成员都是全联盟最优秀的存在，而他们的教练也不容小觑，是传奇教练菲尔·杰克逊。面对美职篮历史上最强大的阵容，没有人看好这支表现很普通的活塞队，甚至人们坚信活塞队无法坚持到第七场。

然而，结果却让所有人惊掉了下巴：湖人队输了，总比分为1:4！球迷们尽管难掩失望，却又觉得湖人队败得"恰如其分"：对于科比和奥尼尔来说，球队的领袖地位才是最值得关注的；而马龙和佩顿也各有私心，抵触对方，使得各自真正的水平难以发挥出来。从客观的角度说，这完全不是一个团队应有的精神面貌，只是一盘散沙而已。

那时的科比、奥尼尔、马龙或者佩顿，他们的个人能力都毋庸置疑，堪称行业顶尖高手。然而，他们忘记了，单丝不成线，独木不成林，如果没有其他人的帮助，即便是优秀如他们，也撑不起一场比赛。篮球比赛是团体协作的比拼，与个人能力相比，更看重的是成员之间的相互配合，这并不是一种单打独斗的运动！

在原始时期，我们的人类祖先就已经学会了分工协作，有猎物一起打，有食物一起分享，他们就是通过这样的方式使得人类羸弱的身躯在与一群野兽竞争中得以存活，又经过长久的努力，终于站在了食物链的顶端。人类之所以能最后走向更高文明，与人们深切地懂得合作的重要性有很大的关系。

每年夏末秋初，在湛蓝而高远的天空中总可看见一群群大雁，以"人"字形排列方式，整齐地飞行。每一次飞翔，当头雁展翅拍打时，其他大雁立刻也拍打翅膀，整个雁群高飞。根据研究表明，用这种"人"字队形飞行时，由于团队所产生的浮力会减轻飞行时耗费的体力，使雁群比单飞的雁至少可以增加 71% 的飞行距离。正是这样相互助力，彼此凝聚，让小小的雁有力气穿过冷秋，迎向温暖，免去了种族的灭绝和大面积减员的风险。

当然雁的团队精神不仅体现在列队飞行方面，还体现在帮助受伤落单的同伴方面。当一只雁受伤离队时，会有两只雁在它身边陪伴它，照顾它，直到它恢复健康，能重新飞翔为止。这三只雁全部准备好之后，就会等待下一批雁的靠近，加入新雁群的行列。

从大雁漫长的进化过程中我们领悟到：群体合作比个人单打独斗能够获得更大的优势。独自飞翔的大雁就像是单打独斗的个人，而呈"人"字队形飞翔的雁就是一个合作的团队。因为有这个团队，大雁才不会在寒冷的天气里寸步难行；因为有伸出援手的伙伴，受伤的大雁才有了活下去的机会。

这正如人与人之间的合作，并不是狭隘地一起赚钱，锦上添花，而是在合作伙伴受伤或者出现问题的时候能放下一部分利益，停下脚步照顾对方，雪中送炭。这也是合作中非常重要的一点，愿意协助他人，也懂得欣然接受他人的帮助并且心怀感激。

事实上，不管我们承认与否，在我们的生活中随处都接受着别人的恩惠和馈赠。赠人玫瑰，手有余香。曾接受他人这份善意与帮助的我们，也不能忘记相互扶持、彼此合作。

心中有光，才不至于随波逐流

有这样一个故事。

水库里有一群鱼，络绎不绝地通过堤坝上的排水沟，向不知名的远方游去。一条小鱼非常好奇，它拦住一条奋力向沟里游的鲫鱼问道："你们这是打算去哪里啊？"

鲫鱼有些不耐烦地回答："我也不知道，但是大家都往那里游，说明那里一定是个好地方！"说完，鲫鱼随着鱼群游走了。

小鱼的疑惑没有被解开，于是继续守在沟边，看鱼群从它的身边经过。过了一会儿，它又拦下了一条经过的鲤鱼："你们这是要去哪里啊？"

"我也不知道，但是大家都往那边游，总归是有道理的吧。"说完，鲤鱼和鱼群一起离开了。

好奇的小鱼在沟边观察了许久，发现了一件奇怪的事情：鱼群一队接一队地游过，却不见有鱼游回来。它有点疑惑：难道沟里的生活真的那么好？所有的鱼都乐不思蜀？那我是不是也应该游过去看看呢？

还没等小鱼下定决心，就见一条鲢鱼惊慌失措地游了回来："天哪，太可怕了！排水沟后面是一张又长又大的网，许多鱼都被装进去了，我拼命挣扎才逃了出来。"

看到没？不是所有人都做的事情就是好事情，世界上没有那么多先知，我们做什么事情都不能盲目，要有清晰的自我认知，才不至于做无头苍蝇。

对于一群羊来说，它们的方向就是最前头的一只羊前进的方向，就算被领进屠宰场，后面的羊也不会另辟蹊径，离群脱队。

人类亦然，很多时候我们会迷信权威，但其实权威并不等于真理。随着人类知识的积累、眼界的扩展、世事的变迁，很多原本的"权威"已经被我们远远地甩在了身后。一味地在权威面前随声附和，就只能活在他人的影子里，不但不能得到发展，甚至会变得更为落后。

从前有一位将军，在每次率兵打仗之前都会组织全体士兵举行一个仪式。仪式的内容只有一个，就是占卜。到了仪式开始的那一刻，将军当着全体将士的面，把手放进写满战争结果的盒子里去。

每到这个时候，全体将士都非常紧张，因为抽签的结果将决定他们这次出征是否能取得胜利。说来奇怪，当朝的其他将领出征各有胜负，这位抽签的将军却从无败绩。

在一次庆功宴上，一位饱含嫉妒的将领对抽签将军说："你有什么真本事，你不过是靠着神明的护佑，看你每次都抽中出师大捷这样的签文就知道了！"抽签将军笑了，不甚在意地拿出了抽签盒子中的全部签文，看见的人都惊呆了。原来，所有的签文上写的都是出师大捷！

这就是事实的真相：没有神助，唯有必胜的心中之光！

"扬州八怪"之一的郑板桥，曾经痴迷练习书法，只是模仿了几十年，勤学苦练，却一直毫无建树，完全没有让自己满意的作品。

一天晚上，整个身心沉浸在练字上的郑板桥情不自禁地用手在妻子的身上练起字来，妻子对他说："练字嘛，你有你的体，我有我的体，你老在人家的体上练什么？"说者无意听者有心，妻子无意的抱怨一语惊醒梦中人，郑板桥终于明白自己的问题在哪里了。

原来，他练字只知道模仿前人，而没有自己的风格，自然是画虎不成反类犬。从此，他刻意避开前人对他的影响，终于创造出了自己的风格，成为一代名家。

人的一生，总要走自己的路，心中有光，才不会随波逐流。

没有烂牌，只有"烂人"

在一个普通的体育场上，有这样一场八百米托盘跑步比赛。八个孩子站在同一起跑线上，每人手里端着装着满满一大杯水的托盘。发令枪一响，孩子们快步向前跑去。

就在大家都憋着一口气向前狂奔的时候，意外发生了。一个小姑娘刚刚开始加速就摔了一跤，转眼之间托盘出手，水杯倾倒。等装满了水再次进入跑道，小女孩已经成了最后一名。

大家都在猜测她何时会认命地放弃。然而一圈又一圈，面对别人的遥遥领先，小女孩没有沮丧和绝望；看到不时有人失手或放弃，小女孩不被打扰，只是埋着头，努力追赶，仿佛这不是分秒必争的比赛，而是与平时一样的午后训练。

不知不觉，赛程过了大半，小女孩前面只有两名一直领先的选手了。小女孩的表现让大部分的观赛者心怀敬意，毕竟不是每个人都能在开局不利的情况下成为第三名。然而，对于小女孩来说，这些似乎都不那么重要，她心里只有一件事，那就是比赛还在继续！

还有最后一圈，第一名一时不慎，重重地摔倒在地上，连带着第二名的脚步也有了几秒的停滞。只有这个小姑娘旁若无人地跑着，她终于获得了第一名！

小女孩凭自己的稳扎稳打从倒数第一实现了正数第一的逆袭，让所有人唏嘘不已。

这像极了我们的人生，最开始的得失不代表以后的人生也会同样如此。成功的人生依靠的不是开局的小幸运，而是历经风雨之后仍然能笑对人生，傲视群雄。

从某种意义上来说，上天是公平的，因为它对大多数人似乎都不公平。我们中的大多数人都不是"上天的宠儿"，不会在一出生时就什么都有。那些一出生就拥有我们羡慕的一切的人，可能只占 1%，即使我们不属于这少之又少的 1%，也不要怨天尤人。

还有一种人，他们通过自己的努力来得到成功，在泥泞中也能砥砺前行，这就是我们生活应该努力的方向，也是我们应该有的人生态度。

当然，也有最糟糕的第三种情况——被命运发配到了最不堪的角落。此时，你只能想办法在逆境中保持冷静，当你手里什么都没有了，便拥有了重新开始的可能。而在你这样想的时候，对你来说很多事情已经不足以困扰你了。

在一次载客飞行中，飞机高空飞行时突然发生了故障，颠簸严重。小桌板上的水杯摔落在地，客舱里的东西尽数被抛起，未系安全带的乘客摔倒在地，正试图艰难地爬起来。

此时，客舱里尖叫声不断，人们慌乱而不知所措。有的人抱头痛哭，有的则给亲友们留着遗言，还有的人离开座位，上蹿下跳，试图把降落伞穿在身上。

就在一片混乱中，机长走出来维持秩序。他要求大家都按照他说的做，他的要求很简单，就是让大家回到位置上坐好，并把身份证找出来，紧贴胸口放好。尽管依旧担心，大家还是很快被机长安抚平静了。后来飞机排除了故障，安全降落。

　　将大家从死亡的恐惧之中解救出来的，是机长高超的本领、强大的念力吗？事实上，机长那样的要求于飞机排除故障毫无帮助，与飞机最后的安全降落也没有因果关系。机长的目的只有一个：万一飞机真的坠毁了，家人来认领遗体的时候也容易些，机上的人也可以免于死无葬身之地的境地。

　　当我们知道有一些东西是无法改变的时候，我们只能做自己可以做的，尽量将事情带向更好的方向。

　　我们无法控制命运的走向，唯有尽力做好每一件事，过好这一生，让它不至于疲惫不堪。

　　曾经凭着《爸爸去哪儿》再次走红的陈小春春风得意，事业红火，夫妻恩爱，儿子也颇为讨人喜欢，真可谓人生赢家，但他早年的人生之路却异常坎坷。幼年的陈小春家境贫寒。他在13岁便辍学随父亲赚钱养家。因着学历不高，他只能在工地搬砖，做装潢工人，做大排档的跑堂，或者在理发店当学徒。

　　1985年，一次偶然他被TVB舞蹈艺员训练班看中，成为其他明星的伴舞。后来他又与谢天华、朱永棠组建了乐队，不过最后因为唱片销量不理想而解散。这样一事无成的状态持续到1996年，陈小春因为在《古惑仔》中扮演"山鸡"而走红。随后他出演了 TVB 剧《鹿鼎记》中古灵精怪的韦小宝，因此人气大涨。陈小春又在包小柏的精心打造下，出了《神啊，救救我吧》《我没那种命》等专辑，自此成为影视歌全面发展的一线明星。

陈小春作为一个出身贫寒、学历不高、毫无背景的"三无"穷小子，凭借多年的努力，一步一步打拼成红遍中国的大明星。

人生这个局，有的人有一个好的开始却没有把握好，同样也有人像陈小春一样，绝地求生，把出身之类的劣势都化为人生的养料，在逆境里开出了花来。

心若开阔，满目皆是风景

做熟了小事儿，你的心才能装下大事儿

在一家公司里，发生了这样一件事：一个实习生被交代去复印一份文件，实习生非常不屑，因为他是名校毕业生，简历上的成绩异常显眼，有多次组织策划社团活动的辉煌战绩。他本人也对自己的自主管理能力有着超强的自信。对他来说，复印这样的事情简直太小儿科，他闭着眼睛也能完成。

然而，他的主管却不认同他的工作成果，因为文件被印歪了，缺少一部分文字，根本无法使用。他的主管因此对他的能力产生了怀疑：对于他的综合能力，我们不能随便质疑，但是他的执行能力却不能让人认可。因为轻视复印文件这件小事，

所以他栽了。

确实，也许对他来说，复印这个事情简直是易如反掌，但事实是，这么简单的工作他也没有做好，因此难逃"眼高手低"的判词，为自己的毕业实习留下了一抹不够鲜丽的色彩。

我们身边有不少这样的人，他们心浮气躁，态度倒是摆得足足的，做事时却眼高手低，看不起眼下的一切，总想着有一番大的作为，工作没什么本事。回顾过去，我们会发现，其实做那些很熟练的小事儿时，常常还是会有不同的纰漏和错误，所以最难的就是毫不松懈地做好每一件看似简单的事情。

在工作岗位上有这样一种人，身在其位却不谋其政，只是每天怨天尤人，不好好做本职工作，反而盯着这个的待遇高，那个的岗位好。还有人会说，当领导还不简单啊，要是我也能当上领导，做得肯定比他们好。

事实自然没有那么简单。每个人脚下的路都是自己走出来的，他人的成就也是他们自己创造的，每一个被重用、被认可的人所得到的一切，都是凭借努力一点一滴为自己赢得的。一个比其他人更为用心的操作工，一定会先成为班长；当一个班长更善于管理的时候，他很容易会成为副部长；都是副部长，他比别人有想法，所以他得到了晋升。这一步一步的晋升并不是凭幻想或者表明态度就可以得到的。不看轻小事儿、认真做小事儿，心态摆正、放宽，一切都会水到渠成。

两只旧钟之间来了一个新伙伴，那是一只刚刚被组装好的新钟，面对这两只循规蹈矩一分一秒走着的旧钟，新钟非常不屑："你们就认命过这种毫无波澜的生活吗？"

其中一个旧钟对它说："不要小看了我们的工作，我十分担心，你这小身板能走完三千二百万次吗？"

这件事显然超出了新钟的预估："三千二百万次？怎么这么多？对不起，我做不到！"

另一只钟却嗤笑道："不过是一秒钟摆动一下而已，说得那么恐怖做什么？"

新钟想了一下，还是决定试试：真有这么容易吗？

新钟和旧钟一样每秒钟摆动一下，一年就在这每一秒钟摆动一下之中悄然过去了，它真的摆动了三千二百万次！

你看，做好就是这么容易，每秒钟摆一次，简简单单，你就成功了。世界上哪有那么多惊天动地、轰轰烈烈的工作要去做，大家最常做的还不是年复一年的小事情，当这些小事情不断地累加之后，取得的成果也让人不可小视。做熟、做透小事，你的心才有承载大事的广度。

勇敢接纳，你的坚强会更有意义

三毛说，一个没有长夜痛哭过的人，不配讲悲伤。一个遇到挫折就要绝望痛苦的人，没有资格成为人生赢家。是的，这个世界上每个人都会遇到挫折，当你一个人的时候，你只能选择坚强，再坚强一点。

很喜欢一段话：

这一生，你要成长两次——

一次是，发现生活没有那么好的时候。

一次是发现，内心坚强，努力打拼，生活也不会那么糟糕的时候。

从前爽朗爱玩的学姐最近升职了。依照她的性格，本以为她会迫不及待地呼朋引伴以美酒大餐庆祝一下，然而并没有。校友群里也很难看见她和之前一样瞎闹、调侃。再翻翻她的朋友圈、微博，说的都是工作的事情，仿佛从前那个动不动就晒美食和游戏战绩的人不是她。是什么让活泼开朗的学姐变成这样一副不苟言笑的样子的呢？原来，与机遇相伴的是挑战。既然她坐到了更高的位置就需要承担更大的责任，为了应对这些，她早起晚睡，彻夜难眠，甚至连周末也很少休息。

她说："我辛苦吗？是有点，但是为了证明自己有这个能力，我必须如此。职场上根本没有只努力就好，没人在乎你有多努力，老板只想看到你做得有多好。"

人就是这样，最开始你只是努力地想做好一些，当取得了一些成绩之后，你又会想得到更多，于是一直不断地努力，尽量让自己不落后于时代，配得上那份野心。

当我们扛着这个巨大的压力为了信仰和理想而努力时，当我们差一点就被压垮时，却还在电话里逞强，对爸妈说自己过得很好。做人的辛苦与原生家庭或者经济条件都没有关系，或许在你看到看不到的地方，每个人生活得都不轻松，每个人都在硬撑。

在儿子杰克的高中毕业典礼上，美国大法官罗伯茨发表了致辞《我祝你不幸并痛苦》。

他说：

"我希望你们并不是时时好运的。

"在未来的人生路上，我希望你有被不公平对待的经历，只有这样，你才能明白公正是多么地有价值。

"我希望你会遭到背叛，当那一刻来临的时候，你才会体悟到忠诚的重要性。

"我希望你的人生道路并不是一帆风顺的，只有这样，你才会明白概率和机遇的真正含义，才会知道它们在你的生命中扮演的角色。"

是啊，越长大，我们越会发现，世界上根本没有一帆风顺的人生，也没有什么很容易平步青云的工作，那些不费吹灰之力的光鲜只出现在童话故事里。我们只能接纳那些不幸和痛苦，用流泪流汗与受累换来那些普通的正常生活。

一时的有无，决定不了人生的真相

前些时候，一篇标题为《好好的两个人，理想与现实》的帖子上了热搜，文章的内容是萧山一对情侣因为房子和车子谈崩的聊天记录。

据发帖人说，这对准备结婚的情侣正在筹备婚礼，女方要求男方结婚时全款买一套房子，男方的父母也答应了。但是男孩却不想这么做，父母二人的工资加起来一年不过十万元多一点，结个婚，把父母一辈子的积蓄都搭上了。而女孩不希望一结婚就要背债生活，因此不愿意贷款。"你就为你爸妈考虑，那你觉得我爸妈会让我嫁给这样的你吗？"

这事说起来谁都没错，却逼得一米八的大男人，一边聊微信一边当街痛哭。

"我的要求也不高，就一套房子，办酒的钱两家各出一半。彩礼 18.8（万元），我爸也说了，给你买辆 50 万元左右的车子。"

"对不起，对于我家来说，目前买房子压力真的太大。现在萧山这里好一点的房子都 3 万多一平方米了，再全款买个车位，买个 129 平方米的房要 400 万了……"

说来说去，关键词不过是房和车，男孩孝顺父母，不想含辛茹苦将自己养大、如今已经苍老的父母因为自己结个婚而倾家荡产；而站在女方的角度来说，似乎也没错。谁不想女儿嫁过去还如公主一样，有自己的房子和车，不需要为生活的柴米油盐而操劳奔波呢？

如果同意了男孩的要求，我们能想象到，女孩很可能每天和男孩为了还房贷而省吃俭用，不要说买那些昂贵的化妆品，甚至吃一些好东西来补一补因为生孩子所产生的身体亏空都要精打细算。小两口可能每天为了物质生活而互相指责，原本恩爱的情侣变得面目全非。

房子和车作为稳定家庭生活的支柱，不可谓不重要。

在《娜拉出走以后》中，鲁迅这样写道："娜拉出走，不外乎两条路，要么回去，要么死去。"诚然，对于除了婆家只能去娘家的娜拉来说，她的人生毫无其他的去处。如果有一套自己的房产，就不需要如此吃亏受累。

在某种层面来说，不管男女，结婚好似"重新投胎"，而房子、车子似乎成为结婚的标配，各自倾尽所有就是为了结婚。不单单是结婚之时，有没有房产，有几套房产似乎已经成为衡量一个人是否成功的指标：起码拥有一套房产才能证明他在那个城市站稳了脚跟。

可是，房子、车子从来就不能和能力挂钩，也不能用来证明人是否有升值的潜力，更不是优越感的体现。

有房有车固然是好的，但是人生这几十年，存在着无限的可能，不能仅仅因为一时的有无就对一个人盖棺论定。而一时的有无，也绝不是人生的真相。

没有私心，你的人生才有好运

有一个老木匠告诉他的雇主，他准备退休了。虽然那份丰厚的报酬还是很让人心动，但是他已经很老了，不想再为别人盖房子，而是要和老伴过悠闲一些的生活。

雇主非常舍不得这个优秀的工人，就请求他帮忙再盖最后一栋房子。由于多年的情谊，尽管不愿意，但是老木匠还是接下了此生最后一所房屋的建造工作，不过却有些心不在焉。对他来说，既然已经决定退出这个行业，不需要再为了赢得下一个客户而赢得好的口碑，眼下的这栋房子就可以为所欲为了。因此他最后盖的这栋房子不仅工艺粗糙，甚至处处偷工减料。

当这栋房子完工的时候，雇主拍拍木匠的肩膀，诚恳地对他说："感谢你这么多年对我的帮助，这房子是我送你的礼物。"

得到这份意想不到的礼物的木匠十分震惊！如果从一开始就知道是为自己盖房子，他绝对不会这样干活儿的，然而，后悔已经晚了。

木匠并不知道，当他每天钉一颗钉子，摆一块木板或者垒一面墙的时候，如果只想着自己而没有竭尽全力的话，很快就会发现，他将不得不住在自己建造的粗制滥造的房子里，用身体抵御风雨的侵袭，默默后悔。

这就是人生，今天做的事情，决定了你明天的生活。当你住在破房子里抱怨风雨的时候，想一想，这一切是不是你自己造成的？如果没有那么重的私心，你的运气说不定就不会那么差了。

做人不能太自私，自私的人的运气是可以预见的。既然你从不接纳世界，与他人分享你的美好，别人也不会分担你的不幸。当一个人内心无私，有广度，"好事"会更容易降临到他头上；相反，如果一个人太自私了，命运之神很难会垂青他。

森林里的小猪和狐狸生活在一起。这一天，小猪和狐狸决定分头觅食，然后共同分享食物。狐狸走啊走，看见了一颗鸡蛋，它想，只有一颗鸡蛋要怎么分啊？不如我自己吃了吧，于是它就把鸡蛋藏在了兜里。

小猪找到了一些蘑菇，带回来煮了一锅汤和狐狸一起喝。接下来的几天，小猪和狐狸一直形影不离，狐狸没有找到机会吃那个鸡蛋。直到有一天，小猪出门去了，狐狸赶紧拿出那颗鸡蛋，吃了起来。

可是，因为时间太久了，那颗鸡蛋已经坏掉了，等小猪回来的时候，狐狸已经因为吃了坏掉的鸡蛋而肚子疼，晕了过去。自私是把双刃剑，不仅会刺伤别人，也会伤害自己。狐狸如果不是只想着自己，那颗鸡蛋也不会被放坏，它也就不会因此而肚子疼得晕倒了。

人的行为都是有利己性的，区别只是短期利己或者长期利己，人们所反对的"自私"多半是短期利己行为，比如涸泽而渔，焚林而猎。而长远的利己性又被人们称为"智慧"，是备受大家推崇的行为。

有这样一对中年夫妇，多年来一直坚持做公益，资助失学儿童，关爱孤寡老人。尽管每年都有许多受过他们帮助的人找上门来，希望做点什么作为回报，但都被这对中年夫妇拒绝了。他们说："我们也是受过别人帮助的人，只希望你们以后遇见需要帮助的人，也能伸出援手，对他进行力所能及的帮助，并告诉他，世界上还有爱。"

就这样，一年又一年，没有人知道这对夫妻帮助了多少人，又有多少人听过"世界上还有爱"这句话。直到有一天，外出旅游的夫妻二人遇到了泥石流，车子瞬间就被冲泻而下的沙石掩埋了起来。

随后而来的一辆车目睹了这场灾难，车主报警之后立刻率先投入到了救援工作当中。幸运的是，沙石下的人很快被救了出来，由于发现及时，夫妻俩并没有受到太大的伤害。当这对夫妻来到见义勇为的人身边表示感谢时，意想不到的一幕发生了。

救人者告诉他们："我也受到过别人的帮助，帮助我的人让我明白，世界上还有爱！"

这对夫妻幸运吗？当然幸运，命悬一线之际遇到了好心人，拯救了他们，让他们脱离危险，远离死亡。然而，我们不能忘记，他们的幸运是自己赚来的！如果没有他们日复一日的行善，又怎么会把这种帮助人的思想深植于一个陌生人的心间呢?

　　种什么因,就会得到什么果。自私的人表面上得到了一点好处,但是却失去了人心,久而久之,他们就再也没有朋友了。而那些不计较得失的人,却在最需要帮助的时候得到了来自他人的援助之手。

　　人生短暂,只能用来计算而不能用来算计。对于任何一个人来说,如果想在这有限的人生中过得更好一些,首先就要学会无私。只看重眼前的蝇头小利,并为之算计奔忙,那么他一生都将奔波于这些蝇营狗苟之中,无法获得更大的成就。越是无私,这世界就越会因为少了一些争夺而多一些和睦;因为无私,人们的心中就会多一些谦让而少一些仇恨;因为无私,生活中也会多一些美好而少一些丑恶。成为一个私心没那么重的人,人生才会交到好运!

学会欣赏，世界大不一样

有这样一个故事：台湾作家林清玄做记者的时候，曾经写过一篇关于小偷的报道。按照平常的思维，人们可能会对小偷的不劳而获进行谴责，对他的好吃懒做嗤之以鼻，但是林清玄在报道完小偷作案手法之细腻精准之后，情不自禁地感叹道："像心思如此细密、手法那么灵巧、风格这样独特的小偷，又是那么斯文有气质，如果不做小偷，做任何一行都会有成就吧？"这原本只是看到了小偷身上的"闪光点"，有感而发罢了，却想不到竟改变了一个人的一生。

在多年后的一次相遇中，林清玄才发现，当年的小偷已经成了连锁饭店的老板，经营着几家羊肉炉店，他感慨地对林清玄说："林先生写的那篇特稿，打破了我生活的盲点，使我思考，为什么除了做小偷，我就没有想过做正事呢？"因此他洗心革面，重新出发。

你看，对一个人的欣赏是多么重要，就算是一个"穷矮矬"也有属于自己的亮点，世界上缺少的不是美，而是发现美的眼睛。就是因为当年的林清玄发现了小偷身上的闪光点，世界上就多了一个积极进取的老板，而少了一个自私自利的小偷。

人无完人，每个人都有自己的长处和短板，如果一个人只盯着别人的短板而把自己的长处挂在嘴边，相信他也不会有什么大发展。只有平庸的人才会妄自菲薄或者扬扬自得。当你从别人的平庸中找到他独特的闪光点的时候，你就会发现自己的自满是多么可笑，你的优秀不过是平庸而已，只有这样你才有动力将消极变为自强，这就是借鉴他人之事，为自己成功添加养分。

一个年轻人来到陌生的城市打拼，这时候他遇到一位老人，这个人好奇地问："老人家我在这里居住的话会怎么样呢？"老人不答反问："你为什么离开你的家乡？"年轻人说："别提了，我的家乡糟糕透了，完全无法生存。"老人就告诉他："这里和你的家乡没什么区别，你还是去别处看看吧。"

不久，又有一个年轻人过来向老人请教，老人问了同样的问题，年轻人的话语里充满了不舍："尽管不得已离开了我美丽的家乡，但是我还是很想念家里的一切。"老人告诉他："孩子，你安心住在这里吧，这里和你的家乡一样好。"

旁观的人对于老人前后截然不同的态度非常不解，于是问老人为什么会有前后不一致的回答，老人告诉他："你要寻找什么，你就会得到什么。"

在不同人的眼里，世界也是不尽相同的。其实蓝天依旧，碧海如常。你用欣赏的眼光去看，就会发现很多美丽的景色；你用批判的眼光去挑剔，你就会觉得世界一无是处。

当然，欣赏别人也并不是把自己变为盲目追明星的颜值、追歌唱才华、追演艺能力的粉丝。当那些欣赏变为盲目崇拜的时候，当追星追得已经失去自我的时候，这样的欣赏早已变了味道。

请不要再去崇拜那些被包装得不像真人的明星了，请把欣赏的目光投给身边那些被我们忽视的平常人，你会发现，尽管他们没有主角光环，但是他们都在各自的领域认真而勤勉地活着。他们是如此地质朴真诚，在人与人之间的交往中用微笑、关切与善良相互感染着。这些人与你是如此地接近，他们是你的亲人、朋友或者是邻居。他们为了你的成功而欣慰；因为你的失败而落泪；当你受伤了，他们会安慰你、照料你；在你寒冷时他们也会为你披上一件外套。这些人就像氧气一样，在你的生活中无处不在，不可或缺。

人无完人，他们可能不是完美无缺的，他们会有自己的烦恼和缺点，他们也有自己的小情绪、小私心。他们会在喝醉后大喊大叫，也会在你不喜欢的地方抽烟、吵闹，就像我们所在的环境一样复杂。但是我们要明白，就算是神仙还有三分陋习，何况人乎？越是懂得理智地欣赏别人的人，越是会得到更多的幸运与便利，因为他用自己的开放与宽容为自己创造了一个充满人情味的人际环境。

春秋时期的管仲和鲍叔牙是好朋友，为了生存，他们一起经营小买卖。尽管鲍叔牙出钱多于管仲，但是到了分配利润的时候，管仲得到了自己的一份之后还想再要一部分利润。鲍叔牙不仅没有恼怒，面对手下人对管仲贪财的质疑，反而为他开脱："管仲家里人口多因此花销巨大，我愿意让他多得一些。"管仲带兵的时候胆小怕事，身边的士兵都非常不满，只有鲍叔牙懂得："管仲并不是真的怕死，他只是怕折损自身会让家中的老母亲无人照顾。"正是因为看懂了管仲"贪财"、"怕死"背后的隐情，更是深切地知道，管仲是个不可多得的人才，所以鲍叔牙对其百般维护。管仲深受感动，曾经感叹道："生我的是我的父母，而只有鲍叔牙最了解我。"他们因此结下了深厚的友谊。后来因为鲍叔牙的大力推荐，齐桓公任命管仲为齐国宰相，在管仲的治理下齐国成为春秋五霸之首。

鲍叔牙对管仲的欣赏是发自内心的，甚至连齐桓公的重用都无怨无悔地让给了他，这不仅是因为管仲有震惊世人的才华，还因为鲍叔牙有超于常人的气度与胸襟。

人是多样性的，有很多的优点也有不少的缺点，我们要学会在别人的缺点之中找到他的优点，不能因为一个人有缺点就诋毁他、放弃他，把他看得一无是处。当你长了一双善于发现别人缺点的眼睛时，你的世界都是糟粕；而当你的眼睛善于发现别人的优点时，你会发现你的生活鸟语花香。人要善于发现生活之美。你要知道：欣赏别人就是接受自己。

培根说："欣赏者心中有朝霞、露珠和常年盛开的花朵，漠视者冰结心城，四海枯竭、丛山荒芜。"

对万事万物抱有一种欣赏的态度能让人活得轻松愉快，不知不觉地被生活中美好的东西所感染，生活也会充满情趣。

我只是在乎你，但不是欠你

综艺节目《奇葩说》热播，我也忍不住看了几期，在一期节目中，一个辩手讲了自己被妈妈控制的事情，因为她太爱吃鸡肉，小时候妈妈就总是用控制鸡肉来控制她。她说她之所以能被妈妈这样牢牢地控制，就是因为她太在意这份鸡肉。

越在意什么就会被什么控制。你在意的就会成为你的软肋，就可能会有人利用你的软肋来控制你，就像嫌犯挟持人质一样，利用人质来摆布警察。

现实中也是这样，有人喜欢钱，有人喜欢权，有人喜欢古玩字画，有人喜欢帅哥美女，只要你喜欢了、在意了，这些喜欢、在意就会成为别人控制你的手段。

在电影《心理罪之城市之光》中，相信很多人都不太理解阮经天饰演的江亚为何如此偏执而疯狂。他明明看起来温文尔雅，却偏偏是个变态杀人狂。杀人手段残忍，且反侦查能力高超，证据很难拿到，即便是精通犯罪心理学的方木也拿他没办法。直到方木发现了江亚的软肋——他在意的东西，利用了他在意的"城市之光"，设计将他抓获。那一刻，相信江亚的内心是崩溃的。江亚在意的是什么，什么就是他的软肋。

又如生活中很多母亲生了宝宝之后总会感慨"有了铠甲，也有了软肋"，就是因为太爱了。在那些不幸的婚姻生活中，忍辱负重的那个人总是因为太在意爱人、家庭而变得软弱、迁就。

婷婷和老公在一起十年了，恋爱时候的海誓山盟很快便烟消云散，七年前婷婷发现她老公和别的女人有染，在家哭得死去活来，甚至用孩子威胁，恳求她老公不要离婚，留下来。她老公终究是舍不得散了这个家，重新回归家庭。可是大家都心知肚明，出轨了就是出轨了，两个人的感情就像一面镜子，摔碎了再也补不回原来的样子。

但婷婷觉得只要老公回来就什么都好，家还是那个幸福的家，她在乎的人、在乎的家都在。然而，两年前婷婷发现她老公又出轨了，原来他和那个女人并没有断，于是婷婷和她老公签了离婚协议。令人吃惊的是，最终婷婷和她老公还是没有分开，又在一起了，婷婷也不知道这么做对不对，可是她实在是太在乎他了，在乎到好像此生就是来还债的，来还她欠她老公的感情债，还债到没有尊严。

剧情的确很狗血，狗血到旁观者都为婷婷不值。真希望婷婷能挺起腰板指着她老公的脑门说："我只是在乎你而已，但我并不欠你的！！！"

在《欲望都市》里，萨曼莎和男友分手时的那段话令人印象深刻："我和你的这段关系已经占用了我五年的时间，可是我自己跟自己的这段关系，已经49年了，坦白说，我更爱我自己。"

在乎没有错，错在不应该因为在乎而迷失自己。被在乎的人是幸福的，要懂得珍惜，不要仗着别人在乎你而肆无忌惮、为所欲为。这一生，真正对你好的人遇不到几个，且行且珍惜。

人活一世，要懂得珍惜和感恩帮助你、对你好的人，因为没有人会无缘无故对你好，也没有人欠你的。

还记得前段时间微博里传得沸沸扬扬的关于军人让座的新闻事件。事情发生在一辆载满刚刚从军校毕业的学员的列车上，这些被送往新岗位的学员几乎占据了整个车厢。结果军人们在座位上坐得好好的，买站票的群众看着就不乐意了，说军人不是为人民服务的吗？怎么不给老百姓让座呢？人们讨论来讨论去，车厢里的氛围一下子就尴尬了，不知道过了多久，大概是队伍里的一个班长站起来敬礼，并号召队友们给群众让座，十几名军人齐刷刷地站起来给没有座位的群众让了座。

其实这件事挺让人寒心的，军人也是普通人，只是工作不一样而已，军人也是买了票的，军人的职责里也没有坐车要站着，必须给群众让座这一条。他们之所以能让出座位，是出于一种对百姓的"在乎"，更是对军人声誉的在乎。

我们常说，人生贵在有分寸感，别因为在乎而失去自我，也别因为太在乎而委曲求全，你不欠任何人的，同时别人也不欠你的，要懂得珍惜和感恩，珍惜拥有，感恩相遇，心里才能住进阳光。

心阔天宽，成为一个有远见的人

　　曾经看到这样一句话：一个女人嫁什么样的男人，决定了她以后的生活状态；一个男人娶什么样的女人，决定了他以后的人生高度。在我的亲戚里，有个特别有钱的表哥，我也经常听家里的老人说表哥的发家史。

　　表哥家境不错，他有个同学跟他一样，家境也不错，两个人从小玩到大，学习、工作不相上下，后来他们说想创业，双方家里就都给拿了点钱，两人合伙在三线小城开了一家童装店，据说当年已经算是当地比较好的童装店了。两人很有默契，童装店也干得风生水起，很快开了第二家分店，眼瞅着年纪到了，两人又都娶了媳妇，小日子也过得有滋有味的。

直到有一天，一个大型童装品牌的投资人找到了他们，想收购他们的童装店，做他们品牌的直营店。两个人都犹豫了，毕竟这不是小事，关系到以后的经营发展，于是两人都回家跟媳妇商量这件事是否可行。

表哥同学的媳妇一口回绝，说那岂不是给别人打工了，现在自己经营一家小店挺好的，也丰衣足食，乐得其所。

表哥回家跟表嫂说起此事，表嫂听后，从包里拿出一张银行卡，跟表哥说：我支持你试一试，这是一个发展壮大的机会，现在市里的童装店越来越多了，只有大品牌好口碑，才能一直经营下去，这是我的一点积蓄，应该用得到。

表哥听了特别感动，同时也特别欣赏表嫂的远见和眼光。

后来的事就是表哥同意与大品牌合作了，他同学跟表哥将原来的店分了，各干各的。再后来表哥和表嫂将品牌店做得风生水起，成为该品牌的旗舰店，再后来控股品牌，成为高管。

内心宽了，人的视野也就跟着变广了。表哥常说，如果没有表嫂当时的远见和眼光，就没有他的今天。看似出身、文化背景差不多的两个男人，做同样的事业有了不一样的结果，所以千万别小瞧了男人背后的女人。

也许你会说，一个大男人，一个强势有主见、有勇有谋的男人会听一个女人的吗？其实话说到这里就狭隘了，这里说的女人的远见和眼光不仅仅是吹吹枕边风那么简单，甚至会决定着家国的兴衰。

还记得《大宅门》里斯琴高娃饰演的二奶奶吗？刚开始她就跟老爷子说："小不忍则乱大谋。不要因一时意气而结仇怨。"可是老爷子当时没有听她的，导致事情一步步恶化，到最后使得大儿子，也就是大爷被判了斩监候。二奶奶有勇有谋，从中周旋，保住了大爷一条命。老爷子也从这一件事情当中觉得二奶奶是个有大格局的人，最后将整个家族交给了二奶奶当家。

二奶奶当家后，做了很多有远见、有谋略的事，让男人们心服口服。这个女人的大格局，带动了大宅门的兴旺，也给儿子白景琦带去了运气。

可是后来因为国家动乱，经济受损，白家也是在劫难逃。本就损失重大的家，屋漏偏逢连阴雨，白景琦的儿子又输了很大一笔钱，他不得不把济南的铺面当了。这个时候早就放权不当家的二奶奶隐约感觉到家族有难，年关难过了。于是，她将家里管事的哥几个叫来，问清楚到底是怎么了，几个人将家中资金运转不灵、铺面开不下去的事都说了。二奶奶听后说："我在美国花旗银行存了上等的药材，够铺面维持，并在国内四大银行有存款 90 万元……"

我们不得不佩服二奶奶又一次让白家起死回生。当年这部剧很火的原因，不仅仅是因为演员的演技和历史故事的魅力，还因为里面的几个人物透着大智慧、大格局。尤其是这位了不起的女人，不仅带给了家族男人运气，还撑起了一个家族。就像刚开始的时候詹王爷预言的那样："白家出了这么个女人，白家肯定败不了。"

任何时候，都不能小看女人的智慧和格局。

看透生活，你不能永远天真

有勇有谋，方能跳出你所在的"贫民窟"

　　小 A 终于自己创业了！他在某宝上开了一个店，为了支持这位姗姗来迟的创业者，朋友们纷纷注册某宝账号，义务帮忙刷单。

　　对于小 A 这个店，朋友们简直是期待已久。因为最近几年里，大家都被小 A 的故事无数次地"洗过脑"。每每喝了酒，小 A 就会老调重谈，某宝的某年资金流量上千万的店是他同学小 M 开的，想当年小 M 做某宝店还是他启蒙，手把手地带起来的。现在买了某宝黄金广告位的店家，正是他的朋友老 K 的。当年老 K 做这个店也是在他的鼓励和帮助下才下定决心的，现在的生意也是蒸蒸日上。

相识几年，大家都相信小 A 所言非虚，那么问题来了，小 A 现在在做什么，他为什么不自己做一个店铺呢？你一定想象不到，创业之前的小 A 一直在他的同学小 M 的店里打工，每个月赚微薄的薪水。每当大家建议他跳出来单干的时候，他都会说，再等等，我再学点经验。

再等等的结果就是，小 M 的店气候已成，老 K 的店也逐渐步入正轨，而小 A 的店才刚刚开始。这还不是最让人难以接受的，最折磨小 A 的是，他入市正赶上该网上购物平台大整顿，他的两个店被关了一个不说，剩下的那个店里的产品也被迫大批量下架，整整几个月的时间，别说是盈利，就是支付员工的工资也成了问题。

对此，小 A 整天愁眉苦脸，大叹时运不济。然而，我却想问问小 A，你有没有想过，为什么在赚不到钱的人中间总是有你？

因为你宁可抱怨也不愿意承担！对于那些不愿意投资、存钱、做计划的人来说，总是有借口："我现在的花销太大了。""我还得还房贷呢。""我赚得太少了！""投资有风险，入市须谨慎。"

是的，这些都是问题，但是又都不是问题。人很容易懈怠，也更容易害怕承担应该兑现的东西。在一些国家像流行病一样蔓延的债务和肥胖，只要你开始抱怨、找借口和推卸责任，你就没办法变得富有或健康。你需要做的是直面你所有的坏习惯，专心地做一些改变。

就像小 A，如果当初他那个比小 M 更早开起来的店没有被他放弃，而是一直用心经营，难道就没有可能比肩小 M 吗？如果当初他劝老 K 开店的时候自己也经营一个，就算是经验不足，在几番摸索之后不也有希望和老 K 现在的店一样红火吗？

所以，当我们想赚钱的时候，不仅需要周密的计划，也需要一点点的勇气和决然。只有有勇有谋，方能跳出你所在的"贫民窟"。亡羊补牢，为时不晚，小 A 今天迈出的这勇敢的一步还是具有历史意义的，说不定哪天，成功不期而至呢。

有一个人觉得生活非常不公平，因为他整天累死累活地干活，却只能取得微薄的工资，甚至吃不饱穿不暖，但是他发现富人整天悠闲自得地玩乐、什么也不干，却能吃香喝辣。他于是跪在佛祖面前痛哭流涕，抱怨不断。

佛祖问他："怎么样你才会觉得公平呢？"

这个人想了一下回答说："要是富人开始和我一样一穷二白，

还干着一样的活，却最终还能成为富人我就认命了！"

佛祖答应了他的要求，这时候这个穷人发现原本的富人和他一样穷了，而且他们都要靠挖掘一座煤山的煤来换取生活中必需的柴米油盐。

于是，富人和穷人开始了他们的挖煤营生。因为穷人干惯了粗活，非常轻松地挖了一车煤，用卖煤的钱买了好吃的拿回家给老婆孩子吃。

而富人就艰难多了，因为没有干过重活，艰难地挖掘着，累得筋疲力尽却只挖出一车煤，拉到了集市换了几个硬馒头和一些钱财。

第二天，穷人照旧来到煤山挖煤，但是富人却到集市上带回了几个膀大腰圆的工人来帮他挖煤。很快，这几个工人挖了几车的煤，富人把卖煤的钱都用来雇用劳力帮他挖煤。一天过去了，富人结余的钱比还在苦苦挖煤的穷人多了很多。

一个月过去了，穷人忙忙碌碌，早出晚归地挖煤山，所得的钱财都用在了家人的衣食住行上，根本没有结余。而富人的那座煤山在工人的帮助下早就被挖空了，富人也因此赚了不少钱，他把这些钱都用于投资，很快变得富有了。

这一次，穷人不再抱怨了。富人之所以又变得富有，是因为他们深深地懂得，成功不在于你能做多少事，而在于你能借多少人的力量去做事。只有学会借力打力，你的付出才会呈现一加一大于二的效果。这个穷人之所以赚不到钱，是因为他没有危机感，而且得过且过。

在人的一生中，只有一小部分的生活能被确定下来，没有人知道以后会发生什么事情，所以我们必须把握好现在拥有的东西。

这个穷人还存在一个问题：毫无规划。他的人生只是随性而为，根本没有一个合理的规划，他不知道存钱或者少花钱的理由是什么，从而缺乏存钱的动力和必要的努力。现在，你应该知道自己所欠缺的是什么了吧？

你的努力，仅仅是用的时间多

常常听到一些人呼天抢地地抱怨，世道何其不公，明明付出了百分之百的努力，却得不到应有的回报。每当这时候我就想问他，你确定你真的卓有成效地努力过了吗？

这一天，某部门的小王早早起床，穿戴整齐，神清气爽地赶去上班。他打算趁着现在头脑清醒把那份重要的策划案完成。八点半，他准时走进了办公室，但并没有立刻着手写策划案。高效率的工作来源于整洁的办公环境，他决定先把办公桌及办公室整理一下。

30 分钟过去了，办公环境在他的努力之下变得舒适多了。他开心地点燃了一根烟，稍微休息一下。这时，他忽然发现报纸上的内容是自己感兴趣的国际局势，于是情不自禁地拿起报纸，研读起来。就这样，时间又不知不觉地过去了一些，尽管他有点自责，不过悔之晚矣，还是从此刻开始工作吧。

可是，小王同志的运气貌似不太好，刚下定决心开始工作，电话响了，那是以前一个客户的电话。他寒暄着，20 分钟后对方才挂了电话，放他去洗手间。回办公室的路上，他又被喝"上午茶"的同事叫住，一起天南海北地胡侃了一阵子。

他终于回到办公室，本以为可以安心工作了，看了看时间，竟然已经 10 点 45 分了！好吧，离午饭时间只差一小会儿了，反正写策划案这么大的事情用这么短的时间也完不成，还是把工作放在明天，先想想午饭的事情吧。

就这样日复一日，小王的策划案也只是写了个开头而已，而他的竞争对手早已因为出彩的文案坐上了部门主管的位置。小王非常郁闷，明明自己也很努力，早出晚归，称得上是"兢兢业业"，为什么上位的却不是自己？因为小王除了多用一些时间之外，并没有真的用心来对待他的工作。

像小王这种执行力低下的工作方式，就被叫作"磨洋工"！很多资深职场人会把"磨洋工"当成是职场生存最为宝贵的"经验"，却不知道，正是这样的"经验之谈"剥夺了你成功的可能，谋杀了你的成就。

步入职场久了，总会被灌输只有磨洋工才是最为成熟的职场人的观念，但是如果你仔细观察那些职场的成功人士，就会发现，他们的成功各有不同，工作状态倒是如出一辙——雷厉风行。他们也许并不聪明，甚至不如职场"老油条"那样深谙职场生存的"潜规则"，但就是因为有旁人不具备的强大执行力，他们比别人更容易成功，更容易成就了自己的一番事业。

我们身边也很容易看到这样一群人，他们每天加班到很晚，看起来很努力。可实际上呢？他们一边工作一边刷微博，东西做得一塌糊涂，加班和不加班简直毫无区别。说好的运动健身，可是刚跑几圈觉得浑身发软，不知不觉就停止了。上课的人也是如此，看起来他们的眼睛瞪得大大的，没有开过小差儿，但是他们却没有把老师的话听进耳朵，脑子里想的都是中午吃什么，下午玩什么。

　　真正努力的人是在努力找到合适的方法，然后全身心地投入到这件事情上来，而不是做表面工夫，用大量的时间，制造出更大的声响。骗自己和骗别人都很容易，但是这个世界却很难被欺骗，因为在结果来临的时候，一切都会真相大白。

　　记得我高中住校的时候，每个月末回家我都要背满满一书包的书，计划着先刷题，然后背单词，最后还要巩固一下薄弱的地方，同学老师都非常佩服我努力的劲儿。但是只有我自己知道，计划是好的，可一到家里就什么也不想做了，看会儿电视，和妈妈聊会儿天，一天就过去了，所以到了返校那天，书包是怎么背回去的就还怎么背回来。实际上，我只是自我安慰而已，做不到真正的努力，却又受不了自己内心亏欠的煎熬，只好"努力"混时间，营造自己努力过的假象。

　　你想成为自己羡慕的那些很努力的人，但是你不知道，在真正优秀的人眼里，优秀是一种习惯，将努力融入了生活，只是没什么好炫耀的日常而已。假装努力的人面临着这样的窘境，要成绩没有，也没有痛快地玩，每天只挣扎在玩和努力之间，玩不痛快，正经事也没做好，着实没什么意思。

　　有这样一句话恰好能用来概括那些假装努力的人："你在用战术上的勤奋来掩饰战略上的懒惰。"的确，成功之路靠的并不是时间的堆积，而是找好方向，踏踏实实地走在你想要去的路上，一步一步，负重前行。

永远保持出发时的状态

常常还会梦见毕业那年的我，拖着一只破旧的箱子，一路狂奔去赶开往异地的火车，那时候我就告诉自己：出去了，就不能再回来。

不是不知道独自在陌生的城市生活会遇到很多困难，要忍受孤独，要克服无数未知的难题，我却依然义无反顾。因为我告诉自己：年轻输得起，现在不出去，以后恐怕就更没有勇气了。

我时常觉得，勇敢比智慧更重要，如果没有了勇敢，你就不会有机会去经历世事，去孕育智慧。年轻人是勇敢的，朝气蓬勃而又勇往直前，那么，在后来的人生路上，你还保持着那份勇气，记得那份初心吗？

年前的时候，朋友老K动不动就张罗聚聚，然而大家聚在一起，他又总是闷头喝酒，不复之前意气风发、高谈阔论的样子，让大家很是不解。有一次我单独约了老K，才明白他的纠结。

老K相中了一个项目，经过几番考察和论证，觉得前景非常好。"那就做啊，为什么还纠结？是资金不够吗？"老K摇摇头，抿了一口酒："不是的，这几年我还是攒了点钱，启动资金是足够的。只是啊……现在的工作稳定，薪资不菲，老婆孩子需要养活，不知道自己的身体还能不能经受住创业的折腾，如果创业失败了，亲朋好友怎么看？……"

听着他滔滔不绝地说了半天才明白，这些纠结和为难都可以概括成一句话：输不起。

"你相信自己的调研结果吗？"

"当然，我毕业这十年也不是白混的，这个项目起码有百分之九十的概率成功。"

"如果真的失败了，家里就没有米下锅了吗？"

"怎么会，过日子的钱肯定是有的，再说了，你嫂子还上班呢，实在不行我就再找个单位上班呗。"

"那你还纠结什么？难道你连百分之十的失败都不敢承担吗？你忘了你大二为了圆一个从军梦就瞒着家人做了两年大学生兵吗？"

后来，老 K 还是辞职做了他考察许久的项目，也确实如他所说，前景非常之好。后来他和我说，人啊，真的不能丢失了那份敢于面对未知生活的勇气。

毕业已久，我们不能还不如毕业之前，因为在这些年的历练当中，我们不再是那个徒有大胆的少年，也不再如当初天真，也有了更大的格局，我们的着眼点已然不同，应该把这些年的经验、能力以及资本融入那份勇气之中，为我们的生活锦上添花。

同学 G 最近喜上加喜，不仅职位上更进一步，而且还是跨了半个行业的升职。要知道，G 从事的行业专业性十分强，如果不是从最基础的岗位起步，很难跟得上其他人的脚步。G 就是在这样的背景之下完成了晋升，不仅如此，在新的岗位上他丝毫没有慌乱，而是从容胜任。

朋友们对于 G 的学习能力佩服得五体投地，纷纷感叹，学霸就是学霸，就算是毕业已久，当年的学习能力还是在的。

　　然而 G 却感慨万分："这一切都得归功于我的老领导。当时刚刚提出这样的调动计划的时候，不仅领导同事一片哗然，我自己也不认为我能胜任，我刚毕业时的老领导却支持我。老领导说，当年你做实习生的时候能三个月突击学习厚厚的几本大书，并且在随后的考试中名列前茅，为什么如今没有信心了？难道工作十年，你还比不上刚毕业的自己吗？"

　　这一句话真是振聋发聩，毕业十年，我们有了车、有了房，在圈子里也小有作为，为什么还不如一无所有的毕业之初？

　　在我们毕业之时，事业和人生刚刚起步，每个人都有五光十色的梦想，随着时间的推移、生活的磨砺，我们越来越执着于眼前的事情，淡忘了曾经的追求。梦想是一个人出发的起点，只有牢记初心，我们才不会迷失在生活的繁花似锦之中，才会在任何时候都有走出自我的勇气，才能去迎接更加美好的未来。

　　1912 年夏天，哈佛大学教授桑塔亚纳正带领学生们徜徉于知识的海洋中，这时候，一只知更鸟悄悄地落在了教室的窗台上，欢快地歌唱起来。桑塔亚纳聆听着这只小鸟的独家音乐会，他那被遗忘的愿望忽然无法抑制地在心田萌芽，长大。他转过身对同学们说："对不起，同学们，我与春天有个约会，现在我必须去践约了。"说完，他走出教室。

就这样，49岁的桑塔亚纳决然地回到了故乡欧洲，以那片深沉而美丽的土地作为养料，开始了数年的创作历程。之后，《英伦独语》创作出来，为美学历史写上了新的注释。

白岩松曾经讲过他在墨西哥听到过这样一个发人深思的寓言：一群人正在急匆匆地赶路，忽然有一个人毫无征兆地停了下来。旁边的人很奇怪："还没到终点呢，为什么不走了？"停下的人一笑："走得太快，灵魂落在了后面，我要等等它。"是啊，这些年我们一直只顾着急匆匆地埋头赶路，你需要偶尔停下前进的脚步，回首来时的路，想一想当时的自己是为什么出发。不忘初心，方能到达理想的彼岸。

别为了合别人的群，浪费自己的时间

经常有人会说，合群是一个人高情商的表现，尤其是在职场，一个不合群的人是无法生存的，只有那些能够和同事打成一片的人才能游刃有余。你可能觉得此话有理，甚至将它奉为行为准则，不惜委屈自己换取他人的好感。但我要告诉你的是，他们怕是对情商有误解，同时，他们在向你传达歪曲的处事原则及生存态度。

丹尼尔·戈尔曼认为"情商"包含五个主要方面：了解自我、自我管理、自我激励、识别他人的情绪和处理人际关系。

高情商有三点是关乎自我，了解自我、自我管理、激励自我在前，识别他人的情绪、处理人际关系在后。我们要成为人际交往的高手，但前提是我们要学着让自己舒服。

不要为了合群再浪费自己的时间了，经营人际关系的方式有很多，浪费自己的时间并委曲求全的方式是最愚蠢的一种。从现在开始，重新认识"合群"这两个字，学会为了自己的感受拒绝没必要的耗费时间。

不要为了合群接受所有邀约，学会拒绝，把宝贵的时间留给自己。

同事频繁聚会，你本就不喜欢热闹，一群人先是吃饭再是唱歌，折腾下来比上班还累，你只希望能够在下班之后回到家安安静静享受一个人的时光。但是，为了合群，为了和同事打成一片，你只好硬着头皮，强颜欢笑。在饭桌上，你吃着并不喜欢的饭菜，听着同事们的八卦，心里想念着读到一半的故事，思念着在家孤独地待了一整天的宠物，此时此刻，你只想尽快回家。好不容易用餐完毕，又有同事提议去唱歌，你原本不想去，但一位同事说了句"怎么这么不合群呢"，于是你放弃了回家的念头，继续追随其他人转战 KTV。如果合群的代价是让自己身心疲惫，那真的就不值得了。

不要为了合群强行"尬聊"，与其勉强拼凑话题，不如沉默。同事之间的闲聊是办公室少不了的娱乐活动，话题多样，从衣食住行到国家大事都会涉及，但如果是你不感兴趣的话题，就不要跟着凑热闹，如果你的话题大家也不喜欢，那也不要继续没完没了。

同事小林性格腼腆，平日里时常沉默寡言，存在感极弱，有时同事们聚在一起聊天，为了能够拉近和大家的距离，小林就会参与其中。但是，大家所聊到的话题都不是她感兴趣的，为了能够插上话，每次都刻意找话题，其他人和她根本不在一个频道上，聊了几句之后就是一阵沉默。她想要合群，却变得更孤立。

为了处好关系，免不了要在别人需要帮助的时候伸出援手，但往往会沦为别人的"佣人"，不要对任何要求来者不拒，要学会拒绝，不能为了合群而牺牲自己的时间。

小梅刚刚毕业，来公司报到没多久，为了尽快融入新的环境，她四处帮忙。有人需要打印文件，会第一时间想到她；有人需要取快递，肯定叫她跑一趟；有人需要外出送东西，也会叫她帮忙。为了能够给大家留下好的印象，小梅从不拒绝，每一件事都用心完成。为别人花费的时间多了，留给自己的时间就少了，但工作量却没有减少，时常要加班完成。为了合群，她只能委屈自己。

为了合群放弃自己的喜好，相信许多人都有过类似的经历，但是，合群不意味着迎合和取悦，合群是互相吸引，而不是强行融合。

小张和朋友相约结伴旅行，朋友喜欢山清水秀的地方，小张更喜欢去大都市感受繁华，为了不被朋友们甩在一边，他不得不选择放弃自己的规划。每个人的假期有限，难得有外出游玩的机会，怎能为了合群而放弃自己向往已久的旅程？

合群可以，但别忽视自己的需要，别浪费自己的时间和精力去迎合别人。用自己的时间换取志不同道不合的朋友，这是亏本的买卖，是对生命的浪费和不尊重。而不合群未必是件坏事，你只是需要找到相处更自在的方式。真正经得住考验的人际关系，绝对不是依靠一味附和所形成的。如果合群的代价是要浪费自己的时间，那么不如一个人自娱自乐。

你无法一个人做完所有事

去过寺庙的人都知道，站在庙门口对客人笑脸相迎的是弥勒佛，而黑口黑面的韦陀则站在他的北面。但是你可知道，这两个人最开始的时候并没有共事，而是各自掌管着不同的庙宇。

很多人因为弥勒佛的快乐而来到庙里上香，因此弥勒佛掌管的寺庙香火钱非常多，不过弥勒佛不在意这些俗物，因此寺内的账目混乱不已，入不敷出。而严谨的韦陀虽然善于管账，却因为过于严肃受到香客的排斥，庙中上香的人越来越少，最后断绝了香火。

佛祖了解到这些情况以后做了调整，他让弥勒佛与韦陀一起共事，弥勒佛在前，招待八方来客，使得寺内香火鼎盛。而认真严谨的韦陀就做幕后的管理工作，把他的严谨用在了账房之上，庙里的财务因此被理顺了。在两个人的共同努力之下，这个寺庙变得越来越鼎盛。

做人也是如此，当你真心接纳朋友兄弟的存在，容许他们表现出自己的缺点；当你明白你并不是无所不能的，而是也需要大家的帮助的时候，即使做不了"带头大哥"，即使会遭遇暴风骤雨，你都会安定而从容。因为你知道，自己不是一座孤岛。

在非洲的草原上如果见到羚羊在奔逃，那一定是狮子来了；如果见到狮子在躲避，那就是象群发怒了；如果见到成百上千的狮子和大象集体逃命的壮观景象，那是什么来了？——蚂蚁军团！

一只蚂蚁无足轻重，一群蚂蚁团结起来也会让大象望风而逃。再微不足道的小人物团结起来，也会产生不同凡响的力量。做人如果罔顾集体的利益，为了上位而不择手段，总想着将别人踩在脚下，也许他会成为大哥，但注定只能是孤家寡人一个。一旦落难，迎接他的只会是墙倒众人推。

曾有人问一位哲人："一滴水怎样才不会干？"哲学家回答说："把它放到大海里。"是的，离开了集体的个人脆弱得连一丝小风、一抹阳光也要顾忌，只有团结互助的集体才会有无穷的力量。如果陷入分裂和内斗，曾经再耀眼的辉煌也会湮灭，再强大的力量也会枯竭。

俗话说："赠人玫瑰，手有余香。"人类社会的发展离不开竞争，因为没有竞争的社会是缺少前进的动能的。但是我们应该时刻记得，我们不是生死对头，我们是兄弟，我们可以公平、公正、公开地进行竞争，而不是尔虞我诈，玩尽手段。俄罗斯方块游戏告诉我们一个道理：要想成功地到达关底，就要学会"取长补短"。游戏如此，人生又何尝不是这样呢？

一位勤劳的果农经过数十年如一日的钻研，终于研发了果树的新品种，邻居们羡慕不已。出乎意料的是，他并没有如大家猜想的一样，把新品种收得严严实实的，而是挨家挨户地送给了邻居。在他的帮助下，全村的果园都种起了他研发的优良品种，大家都致富了。

对此，有人非常好奇，便问他："你为什么不将你的成果藏起来，独自闷声发大财呢？"他说："我这么做是为了我自己的果树和收成啊。如果邻居们依然种老品种的果树，那么我的果树也会被传播的花粉污染。"这人恍然大悟，老农的做法不仅保持了自己果树品质的纯正，还使得当地此类优质水果形成了规模种植，吸引了一大批果商前来投资。尽管新品种果树被分享之后，这位果农的产品失去了独一份的高价位，但他种出的水果却因为规模种植的优势而卖出了更高的价格。失之东隅，收之桑榆，因为果农容得下他人的发展，就算没当"领头人"也得到了他应得的一切。

以史为镜能看透许多道理，在历史上也有许多典型的事例告诉我们：容得下他人，即使得不到内心所想的一切，也能过得从容安定；而容不下他人，即使得到一切也是煎熬。

当年，为了共同对抗曹操的威胁，在强权重压之下获得一丝喘息的机会，孙权给刘备提供了暂居之地，而诸葛亮则为孙权献上了火攻之计，孙刘大军联合，兔子搏鹰，使曹操八十万大军"谈笑间，樯橹灰飞烟灭"。就是这把火消除了曹操对孙权的威胁，又巩固了刘备在蜀地开辟霸业的基石，最终烧出了一个三国鼎立的局面。而刘邦、项羽为了争夺天下，数次交锋，使得生灵涂炭，最后更使项羽在乌江自刎，而刘邦也用了数年才使大伤的元气恢复。

春天的美丽靠的不是一朵鲜花的装扮，而理想的实现也不能只靠一个人单打独斗。在一支球队里，明星球员的作用何其大，但是如果让他单打独斗，独自面对一支球队又会如何呢？"飞人"乔丹率领"公牛队"四次勇夺美国职业篮球总决赛的冠军，大家都说是"篮球巨人"成就了公牛队的威名，然而乔丹却说："是公牛队队员的团结互助造就了我。"是啊，如果没有整个球队队员的互相配合，球星个人能发挥出多大的作用呢？

我们的生活并不是孤立存在的，少不了别人的帮助，而别人的生活也需要我们的参与。我们无时无刻不在接受着别人的恩惠、馈赠和给予，别人也同样如此。生活的轨道是由一个个人结合在一起共同组成的，少了哪一颗螺丝钉，生活都不能良好地运转下去。

做个自律的人

近两年，"自律"这个词语在微博、公众号等媒体上频频出现。《自律的人到底有多好》《不自律是怎样毁掉人的》，诸如此类的文章也层出不穷。人们总是在说着、看着自律的好处，却极少有人将自律和人的格局联系在一起。其实，自律的人才有格局。

20世纪60年代，有人做过一个关于婴幼儿早期教育的心理学研究实验，研究人员给一群4岁的孩子每个人发了一颗软糖，同时告诉孩子们，立刻把糖吃掉的，就只能得到这一颗糖，但是如果有人愿意 20 分钟以后再吃，那么他将得到两块糖的奖励。实验开始之后，有的孩子迫不及待地吃掉了手里的糖，也有的孩子经过种种心理斗争，战胜了吃糖的欲望，得到了两颗糖的奖励。这就是著名的延迟满足实验。那么十几年后这群孩子怎样了呢？

研究发现，当年那些能够控制住自己欲望，自控力好的孩子，比那些当场吃掉糖的孩子更容易获得成功，无论他们的学习成绩，还是后来步入社会的状态也都要更好一些。不难发现，幼儿时期的"延迟满足"时的自控力，就是长大后能够自律的早期表现和动力。也就是说，一个人的自控能力不是凭空出现的，自小就有，关系到他成长后的自律情况，也关系到以后的人生格局。

一个自律的人，一个自控力好的人，不容易被外界干扰，不容易被现实诱惑，更容易达成他的人生目标。一个自律的人也更容易被他人信任，做事更踏实靠谱。一个每天坚持早睡早起的人，上班不迟到；一个每天坚持健身的人，身体不会弱不禁风；一个每天坚持读书的人，思想不会太浅薄；一个坚持当天工作必须认真做完的人，工作中会更少出错……

自律的人对自己的要求都很高，曾读过关于柳传志的故事：他应邀参加一个温州的会议，特别不巧的是那天下大雨，他乘坐的飞机不得不在上海降落。大家都以为柳传志会在第二天早上再飞往温州，结果柳传志却连夜找来一辆车冒雨赶路，第二天早上6点就到达了温州，参加会议没有迟到。主办方非常感动，可想而知大家对这位科技圈大佬是怎样的印象。柳传志的自律数十年如一日，让人觉得他是个有着强大能量的人。

自律会让你的视野与众不同，马云曾说："一个人看待世界的眼光，决定了他是不是会成功或者快乐。"绝大多数人是因为看见而相信，只有很少一部分人，是因为相信而看见。自律的人就是那很少一部分人。他们因为相信，所以看得更长远，也变得更努力。

《高效能人士的七个习惯》一书中有这样一句话："不自律的人就是情欲、欲望和感情的奴隶。"乔布斯也曾说过："自由从何而来，从自信来，而自信则是从自律来，先学会克制自己，用严格的日程表控制生活，才能在这种自律中不断地磨炼出自信。"

自律能让人抵御更多的诱惑，认清更真的现实，看到更远的远方，拥有更大的格局，而不是变成情欲、欲望和感情的奴隶，不懂得约束自己，总会迷失在失控的生活里。

电影《芳华》着实让冯小刚和一些部队出身的人重温了一遍那个时代的青春，并且获得了许多观众的好评，同时也让更多的人认识了作家严歌苓。严歌苓是部队出身，她对自己是有纪律要求的，尽管已经离开部队，但是她的生活依然极其自律。比如每天写作 6 个小时，每天游泳 1000 米。所以她的读者们不难发现，她的作品出版很有规律，每隔一两年就会有新书上架，或者是有改编的影视作品。这些都和她的极度自律密不可分。

自律会让人突破眼前的层层障碍，走向心中的远方，也会让人的内心更平静，呈现更美好的生活状态，从而让人生拥有更高层次的格局。

在电影《摔跤吧！爸爸》中，小女孩跟着爸爸做着自律残酷的训练，不能留长发，不能吃甜食，每天准时起床锻炼，只能吃爸爸配的训练餐，这对小孩子来说有些残忍。但正是因为这样的严格自律，让这个摔跤少女成为全国冠军，得到了荣誉，也得到了不一样的人生。

　　丁尼生曾经说过："自尊、自知、自制，只有这三者才能把自己引向最尊贵的王国。"希望每个人都能严于律己，懂得自控。掌控自己，掌控生活，才能掌控未来的人生之路，才能拥有更高层次的格局。

真正应该被改变的，从来都不是世界

很久很久以前，宝石山脚下住着一只修炼千年的癞蛤蟆，尽管它道法小有所成，却因为总是无端伤害百姓的牲畜而有违天和，不能成仙。

这一天，它肚子饿了，正琢磨着去哪儿找一些食物果腹，忽然看见天空中飞来一群天鹅。想象中的天鹅肉的美味让它不能自控，恨不得立刻抓来几只天鹅尝一尝，无奈它尚未成仙，不能飞行，因而它一直不能吃到念念不忘的天鹅肉。从此以后，"吃天鹅肉"就成了这只癞蛤蟆的心病，它竟然不能再接受吃别的东西，不久之后就饿死在宝石山脚下。

现实生活中也有很多人犯了和这只癞蛤蟆一样的毛病，眼高手低，只想着好事、美事，却不知道做好眼前之事，改变现状。他们整日夸夸其谈，懂经济、明政治，貌似可以改变世界，实际上却连一点小事都做不好，徒惹人笑话。

我们每个人都是自己所接触世界的囚徒。我们只看得到天大地大，想要做一番大事业，却不知道，所有的这一切都是由一点一滴的小事组成的。如果连小事也做不好，何谈掌控由之组成的世界呢？

美剧《傲骨贤妻》中有这样一个情节：律所的监理人为了应对破产的窘境，要求调解，戴安娜面临着被撤销冠名合伙人职务的困境。面对调解员，戴安娜竭尽全力地为其描绘出律所美好的发展前景，又把自己拯救律所的计划向调解员描述了一遍。但是调解员无动于衷，只是告诉她，债权人需要的是律所为他们带来的盈利，而不是看着它成为你实现自我价值的工具。是的，每个人都只是社会大舞台上的一颗小螺丝钉而已，只有每个人都扮演好属于自己的角色，才能保证社会沿着一定的轨道有序地运行。

自始至终，社会从来没有给予个人所谓实现个人价值的承诺，它只是客观地获取自己需要的东西，那些所谓的热血和梦想，不过是我们的一厢情愿罢了。我们能给社会带来什么，社会便会给我们定一个相应的价格。如果你真的有自己的理想和野心，也不要声张，请先努力提高社会给你定的价格吧。

无论职场还是生活中，如果你想成功，就必须多充电，多学习，提高你自己的能力，踏踏实实，一步一个脚印地往前走。你所幻想的那些手到擒来、踏上人生巅峰的故事，除了浪费时间以外，对你毫无帮助。

小孙参加工作两年了，一直觉得待在公司里委屈了她这个智商、情商、能力三高的高才生。因为公司总是派遣她参与一些不太重要的项目，给她的工资相对也不高。于是她萌发了跳槽的念头。

但是，小孙是一个要强的女孩，她不甘心就这样悄悄地走掉，她决心让领导们看见她的能力，让他们用惋惜的目光看她头也不回地离开。她开始放低身段，在工作中不懂就问，对工作细节、流程进行了深入而透彻的研究。慢慢地，她的工作越来越得心应手，领导们也注意到了这个务实肯干的女孩，不仅把她调到了公司最重要的项目组工作，还给她涨了工资。

最后，小孙并没有离开公司，因为她意识到之前的自己只是好高骛远、眼高手低，空有远大的抱负却没有重视眼前的事。只盯着天上的星星而忽视眼前水坑的人，如果一直如此，一生恐怕只能在空想中度过，一辈子也难有建树。

其实小孙的问题非常简单，只是她想得太多而做得太少。如果她一开始就能够制定出大体计划并付诸行动，在行动中不断修正，她可能早就转变成了实干派，取得更多成果了。

有一次，一个刚毕业不到一年的年轻人去参加面试。这是一个有故事的年轻人，他在不到一年的时间里先后在三家大型国企工作过，并且拥有厚厚一叠的各类获奖证书。负责面试的 HR 非常欣赏他超强的学习能力，却对他频繁的跳槽感到不解，于是便询问他为什么如此。他的答案是："这些都太简单了，不能让我产生成就感，我不想终生在这些事情上碌碌无为。"

当即，这位 HR 对他说了这样一段话："人的一生就像是一棵树，会生出许多的小树枝，如果想要长成有用的材料，就必须在它成长的时候分出主次，否则它将会向各个方向平均用力，这样长成的树，小的时候只能当作盆景去欣赏，而长大了却毫无用处，最大的用处是劈了当柴烧。但一个栋梁的成长过程中，所有影响到它主干发展、会吸收它主干成长营养的枝丫，都一定会被剪掉。人也一样，若要成大才，绝不能任由自己天马行空地生长，而是认准一个方向，埋头从最薄弱的地方开始成长。"

维特根斯坦说："我贴在地面步行，不在云端跳舞。当一个人遭遇困难的时候，不是想着克服它，而是直接放弃，选择新的方向前进，那么他永远不会走到他向往的彼岸。因为在人生道路上，谁都不会是一帆风顺的，每一条道路都有荆棘和麻烦，即使康庄大道，也难免有凸起的石子。"

所以，这些人很容易面临这样的情况：遭遇困境，换个道路继续前进，又遇到困难，重新规划新的道路，还会遇到新的困难……如此循环往复，最后在忙乱与重复之中失去了前进的勇气，无功而返。故而，唯有克服"想得多做得少"的习惯和急于求成的心态，才会有所收获。这也是一切改变的开始。

你不用太优秀，不给别人添麻烦就行

前段时间的热播剧《欢乐颂2》有一个情节非常有意思："小蚯蚓"邱莹莹与男朋友应勤分手之后非常痛苦，一直处于极度需要朋友安慰和帮助的状态。"五美"中其他的"四美"都非常心疼她，一直待在身边陪伴她、安慰她。

"知心大姐"樊胜美始终陪在她身边，甚至为了照看她连公司的重要会议都迟到了。这时候，扎心的一幕出现了：当樊胜美要离开的时候，邱莹莹怒了。她指责樊胜美不是朋友，她已经这样了，樊胜美还要走开。在她的观念里，樊胜美此时就应该陪在她身边，听她抱怨，陪她哭，否则就是没有尽到朋友的义务。

可是做朋友真的没有这样的义务，谁也不欠谁的，谁也没有给朋友添麻烦的权利。在我们身边也有很多这样的人，有些是我们的朋友，有些是和我们八竿子打不着的人，总会防不胜防地蹿出来，用他们自己的事情给我们添麻烦。在他们心里，给别人添麻烦是理所当然的，然而他们不知道，就是他们这样的心态昭示了他们素质的欠缺。

做人父母的，最怕孩子被批评的话可能就是"这孩子真没教养"或者"有娘生无娘养"吧？因为这话说起来不单是说孩子，更暴露出了父母对其教育的问题。那么怎样才算是有教养？

我想，最好的教养也许就是不给别人添麻烦吧。

小 F，4 岁开始读小学，8 岁读初中，13 岁读大学，17 岁就开始在中科院硕博连读。在周围邻居、朋友、同学的眼里，小 F 就是"别人家的孩子"的典范，是父母教育成功的最佳标本，是个出类拔萃的人。

那一年，13 岁的小 F 跻身湖南湘潭大学物理系新生之列。然而，从那时开始，小 F 生活上的"弱智"也和学习上的天才一样暴露无遗。

住进集体宿舍的小F，生活完全不能自理，早上起来晚了，找不到自己的牙膏，拿起同学的牙膏就用，用完了也不放回原处；自己的鞋子找不到，就把同学的鞋子穿走，袜子丢得满地。

他也几乎没有礼仪常识这方面的概念，一时心血来潮去老师家玩，不管是几点，人家是否方便，直接"砰砰"地敲门，门开了，招呼不打，直接朝着老师的电脑房奔去。有一次去拜访一位素不相识的老师，他居然把老师正在阅读的报纸拿来，旁若无人地看了起来，让老师目瞪口呆。

你看，就是这样一个智力超常、成绩优秀的孩子，却是如此没有素质。素质的门槛其实是很低的，其最基本的要求，就是不要因为自己的不自律而给别人添麻烦，当一个人心里只有自己的好恶，对他人产生了不好的影响时，那就是自私，是素质的缺失。没有人要求你必须如圣人般无私，但是你最起码的底线是不要给别人添麻烦。你可以想象，这个小天才尽管智商很高，但他其实是走不远的，后来发生的事情也证明了这一点。

当小F读到研究生，母亲没办法继续与他同住，帮忙处理生活问题之后，他的问题更加严重。如果没有教授的提醒，他甚至不懂主动加衣或者吃饭，最严重的时候连鞋也不穿。

就这样，这个生活不能自理，无法适应中科院物理研究所的小 F，在读到研三的时候被中科院退学回家。

其实，你不用太优秀，也没人会强迫你一定成为人中龙凤，只要在多数时候可以摆平自己遇到的问题，不给别人添麻烦就可以了。孔子曾说，"己所不欲，勿施于人。"此句放在此处，也可以引申成：你讨厌别人这样对你，那么你就要避免自己也这样对待其他人。请多站在他人的角度，做一些取悦自己也给别人带来欢愉的事情。如此，你才算得上是一个有最基本素质的人，才能在这个竞争激烈的社会中有存在的价值和获得更多的资源。

只要你的能力够大，从来不缺平台

我们时常会羡慕身边某人的工作好，升职加薪快，也会羡慕某人真抢手，一辞职就有猎头找他，同时还会说自己当初选择不对，或者运气不好，时运不济，领导太渣，等等，却忽视了别人升职加薪或被猎头看上的原因。所以，在嫌弃平台之前，能先看看自己吗？

玲玲，1992 年出生的小姑娘，住在三线城市，学历一般，基本没什么突出的能力。但是运气非常好，赶上该市一家大型外企招聘人事助理，她投了简历，结果只有她一个人投简历，外企急于招人工作，就把她这么一个能力一般、英语一般的人招了进来。对于一个学历一般、能力一般的小姑娘来说，这简直是太幸运了，薪资和发展前景都要比同时毕业的学生好很多。

玲玲的直属领导是一个业务能力非常强的人，并且愿意教她。可是工作两三年了，玲玲在工作上频频出错，出错也就罢了，还推卸责任，不吸取教训。领导觉得，她就是烂泥扶不上墙的人，几次想换掉她。

可是在玲玲的眼里，她认为自己并没有错，都是别人的错，改了就好了嘛，领导怎么那么认真呢！这工作是没法干了，我得换工作了，这里的同事、领导总是挑我的毛病，这个公司实在太差了……

玲玲这个个案，虽然并不能代表大部分职场人，却也着实代表了一部分职场人。她的目光只能看到眼前，只会推卸自己的责任——领导批评我就是领导不好，公司发通告批评我就是公司不好，从不在提升自己业务能力上努力。

如果，你嫌弃这个菜不好吃，首先你得吃过，你嫌弃公司不好，首先你得让自己的工作在平台上做得优秀，平台阻碍了你的发展，影响了你能力的发挥，你才有资格指出平台的问题和不足。

　　还记得 2017 年的热播剧《我的前半生》，剧中贺函和唐晶就是很好的例子。贺函原是公司的合伙人，认为公司没有答应他的某些条件，说走人就走人，结果公司的大批客户要跟着他走，公司势必损失惨重。这样来看，与其说公司是平台，倒不如说贺函就是平台，所以贺函才有资格以合伙人的身份跟公司谈判，有资格嫌弃，有底气说走就走。若是一个连自己分内业务都撑不起来的人，何谈放下呢？

　　每一个职场人都应多一些职业素养，多一些见识，而不是在小事上矫情。不要做充满怨气和不满的井底之蛙，起码在评判或者嫌弃之前，要经历过、见识过才行。

　　我们要摒弃抱怨的负能量，先充实自己，把眼界放宽，将目光放远。做一个有"超越"平台能力的人，而不是让平台嫌弃我们。换言之，只要你的能力够大，从来不缺平台。

　　心理学家麦基的《可怕的错觉》中提到一个概念：你看到的只是你想看到的。当一个人内心充满某种情绪时，心里就会带上强烈的个人偏好暗示，继而会导致主体从客体中去佐证。所以当你觉得领导处处针对你，公司同事处处排挤你，平台工作不适合你的时候，你每天就会不断地去观察，不断寻找证据来证明你的想法是正确的。这种行为和心理是非常可怕的，等于是把大好的提升自己、锻炼自己的时间都浪费在这些琐事上。到那个时候，不用你嫌弃平台，平台就淘汰你了。

想得太多之前，先付诸行动

　　柏拉图有个堂弟，名叫格劳孔，在不到 20 岁的时候，整日想着做城邦政府的领袖，时常在众人面前发表激情澎湃的演讲，一副志在必得、胸有成竹的样子。一个青年人能够明确自己的目标，将眼光放在更远、更高处，这本身是一件好事，然而，格劳孔空有理想，对管理城邦的知识一窍不通，完全不具备担此重任的才能。没有真才实学，就想改变世界，这是许多年轻人的通病，只擅长想入非非，不擅长解决问题。

　　苏格拉底知道此事后，便准备开导一下他。一天，苏格拉底在街上偶遇格劳孔，便热情地问道："听说你立志成为城邦的领袖，这是真的吗？"格劳孔说道："当然，这就是我的想法。"一阵寒暄过后，苏格拉底进入正题，问道："成为城邦领袖，自然要对城邦有所贡献，你是不是首先要让城邦富裕起来，实现这一目标的途径之一是增加税收。那么，如何征税？征收多少？不足的情况下如何补充？"面对苏格拉底的接连提问，格劳孔表示暂时还没有考虑这些问题。苏格拉底继续问道："那么你对削减开支、国防力量、防御方法、粮食供应等问题是如何考虑的呢？"格劳孔对以上问题完全没有头绪。

苏格拉底又说道："国家人口众多，这些问题的改善确实有些难度。不过，你可以从一家入手，从而推广至更多人家，你可以先帮助你的叔父家，增加他们的收入。"格劳孔诚恳地说："如果叔父能够按照我的想法去办事，肯定能够得到收益。"苏格拉底听后，笑着说："你连你的叔父都难以劝动，又怎么能让所有雅典人都听你的劝说呢？你一心想成为城邦领袖，想得到大家尊敬和认可，就需要积累广泛的知识，如此才能脱颖而出。"格劳孔听后，有所感触，决心付诸行动。

有太多人和格劳孔一样，想揽瓷器活却没有金刚钻。先审视自己，再去审视世界。世界暂且运行稳定，即便有各种错综复杂的矛盾和问题，一时半会儿也不会停滞，所以先从自身功夫入手。

不要总忧心于人类的生死存亡了，将目光从人类、世界收回来，重新审视一下自己，六位数的密码守护着四位数的存款，何以谈关爱全人类、改变全世界？你的生活、工作理顺了吗？看着可怜巴巴的薪水，难道就不打算为了升职加薪埋头奋斗吗？你关心中美贸易战，关心李书福收购了戴姆勒，关心计划生育政策鼓励"二孩"，你认为这个世界正处在混乱之中，有一肚子想法急需表达，唯独忘了关注你自己的发展。

站得高、看得远，有所行动才能有所改变，好高骛远注定只是自娱自乐。不是孩子了，就不要活在自我编织的梦想中。

不久前，一篇名为《月薪三万，还是撑不起孩子的一个暑假》的文章激起了人们的热烈讨论。说的是，一位在企业当高管的妈妈，月薪三万出头，女儿在广州某外语学院附属名校读书，老公负责家里大项支出，看似家庭富裕，然而这位高管妈妈却舍不得为自己添置新衣，原因是孩子放暑假了，单是孩子在暑假的各项支出就超过三万元，包括美国游学、钢琴课、游泳班、英语班、奥数班、作文班等。

不少人忧心忡忡，考虑到底应不应该倾尽家财来确保孩子不输在起跑线上，还有一些人则质疑家庭教育、社会教育的大环境，而往往有所质疑的人，多是无法承担高端教育的人。

世界不是无法改变，前提是你有改变的能力，同时，又能耐得住寂寞，有足够的耐力。马云用淘宝、支付宝改变了人们的生活方式，甚至说他改变了世界也不为过，但在改变世界的背后，是脚踏实地的努力，是自我与外界的博弈。有实际行动，才让高瞻远瞩有意义，从点滴做起，才有高楼平地而起。

1999 年 2 月，在杭州湖畔一所普通的民宅里，18 个心中有梦的人召开了他们的第一次会议，那所民宅是马云的家，这些人听马云慷慨激昂的演讲之后，筹措了 50 万元本钱。马云说："我们要办的是一家电子商务公司，我们的目标有三个：第一，我们要建立一家生存 102 年的公司；第二，我们要建立一家为中国中小企业服务的电子商务公司；第三，我们要建立世界上最大的电子商务公司，要进入全球网站排名前十位。"马云没有停留在空谈理想，接下来的每一天都在为实现目标而努力。

没有高端大气的写字楼，马云的家就是办公室，一个房间最多的时候曾坐了 35 个人，每天工作 16 ~ 18 小时，夜以继日工作。

1999 年 3 月，阿里巴巴正式推出，逐渐获得媒体、风险投资者的关注，马云先后拒绝了 38 家不符合自己要求的投资商，1999 年 8 月在家接受了以高盛基金为主的 500 万美元投资，随后在 2000 年接受了软银的 2000 万美元的投入，此后阿里巴巴成为全球最大的网上贸易市场、全球电子商务第一品牌。

承认自己处在低处，在仰视这个世界的时候，不忘初心，积极努力向上攀爬。待你站得足够高，再来谈对改变世界的伟大构想，那个时候，即便没有全世界作为听众，也会有一批人侧耳倾听。

你认为的，有可能只是你以为

在恰当的时候做恰当的选择

韩学长曾经是我们这群学弟学妹的榜样，毕业以后一直在杂志社工作，工作稳定，薪水高，也有编制。他对纸媒很有感情，那是他走出校园之后的第一份工作，也是至今为止唯一的一份工作。纸媒为他带来了不菲的收入，也见证了他从青春懵懂到中年落魄的全部时光。可惜的是，随着纸媒越来越不景气，韩学长的单位在风雨飘摇中不断地挣扎自救，他的薪水却越变越少。不管从业人员的心情如何，一个行业自会有它的衰落期。当这样的衰落反映在薪水减少的时候，行业的衰退已经无药可救，只有那些先一步预见这个结局的人，才会先做好风险预案，趁早脱身。

人穷气大，韩学长早已从之前那个指点江山的少年变成了如今牢骚满腹的颓废中年人，就算大家都理解他现在的处境，却没人愿意用吃一顿饭的工夫听他发两个小时的牢骚。不但如此，韩学长最近还在闹离婚。

他的太太是银行工作人员，曾经，银行普通柜员的福利好得让人羡慕。然而世事变迁，随着柜员机的兴起，银行经过几次改革，对银行网点工作人员的需求数量越来越少，相应地，他们的工资也逐年递减，现在几乎只有当年的一半。

短短十几年，韩学长夫妇当初是人人称道的门当户对的一对，转眼就成为夕阳行业的牺牲者。对于这一代人来说，时代的变化快得让人来不及建立属于我们的安全感。马东在当年的节目《挑战主持人》里说过一句话："你可能委屈，也可能不服，但你被淘汰了。"

是的，在时代的变迁面前我们毫无反抗的能力。对于以前的人来说，他们的人生不怕慢，就怕停，只要坚持下去总会赢得胜利的辉煌。然而，对于现在的人来说，淘汰一个人太容易了，你要么出众，要么出局。

2017 年 11 月 20 日,阿里巴巴投资 224 亿港元入股高鑫零售,持有高鑫零售 36.16% 的股份,成为高鑫零售的第二大股东。提起高鑫零售,大多数人可能不知道,却一定知道它旗下的品牌"大润发"。

"大润发"和"欧尚"都隶属于全国最大的商超卖场经营者高鑫零售,在全国有 446 家大卖场。多年来高鑫零售所占据的市场份额在国内零售行业遥遥领先。对于"大润发"来说,它是零售业的王者,它创造了 19 年不关一店的纪录,可谓当之无愧的零售陆战王。高鑫零售不仅握有大量的线下流量,而且有着逆天的销售成绩,在线下渠道增长缓慢、沃尔玛等大型商超陆续陷入关店潮的时候,它一枝独秀,频频开新店。2016 年,大润发在中国全年新开门店 31 家,门店总数达到 365 家。这一数据足可见它的不凡。

而胜利的喜悦并没有摧毁高鑫零售人的判断力,他们清醒地认识到随着消费升级,消费者变得越来越宅,越来越依靠网络生活。大润发也曾摸索着做自己的电商,以使线上线下的资源得以融会贯通。不过虽然有 30 万的会员数据,结果却不尽如人意,他们做的飞牛网上线三年亏损了 4 亿元,达投入总额的五分之二以上。袁彬说:"再创一种新业务不容易。"其根源就在于传统零售商在数字化转换能力上的巨大不足。

虽然线上销售业绩尚不如意,但不能否认的是其超强的前瞻能力以及思变的思维,大润发可谓居安思危,时刻酝酿着转型以及和世界接轨。

实际上我们要知道,不是时代抛弃了你,而是你放弃了追赶时代的脚步;不是你追不上时代进步的脚步,而是你已经故步自封,停止了追赶。时代变革有时候像温水煮青蛙,有时候又会打你个措手不及。不想被抛弃,你只能走在时代的前列,永远也不要停止前进的脚步。

沃尔玛的成功崛起是一个商业奇迹,当它的创始人沃尔顿开始创业的时候,市场上的连锁超市已经非常多,如何在竞争激烈的市场中取得一席之地是一个非常重要的问题。当时,众多的竞争对手还在研究信息化对零售业影响的课题,沃尔玛率先展开了行动,用2400万美元租了一颗卫星,并且先后投入6亿美元,建造起了自己的信息网络系统,所以它在信息方面取得了巨大的优势。

Facebook首席运营官桑德伯格曾经提到过,谷歌前CEO

施密特面试她的时候告诉她："如果有人邀请你坐火箭，别计较坐在哪儿，先上去再说。"

这是一个有些残酷的时代，曾经的人生就像马拉松，跑得快慢不重要，最要紧的是稳健。然而，现在如果你不拼尽全力，很快就会被淘汰出局。如果你上半场不拼命，可能下半场连参赛的资格都失去了。更残酷的是，直到你跑到终点才发现，别人早已结束比赛，正在庆祝胜利呢。

是的，这个时代没有所谓的稳定，更不会收留没用的人，好消息是：这是一个普通人也有机会的时代，只要你想，只要你敢，只要你不自以为是，只要你善于选择。

张泉灵说："历史的车轮滚滚而来，越转越快，你得断臂求生。不然你就跳上去，看看它滚向何方。"

做那些本不擅长的事

记得看过一篇叫《相信奋斗的力量》的文章，是新东方创始人俞敏洪写的。在这篇文章中他讲了自己的一段经历：在高中的时候，他的老师对全班同学说："你们在座的，没有一个人能考上大学，以后一定都是农民。"这些被预言的同学相信了老师的话，不再努力，要不就退学，要不然就试一次之后选择了放弃。可是俞敏洪偏偏不相信老师说的话，难道农民的儿子就只能当农民吗？他不信这个邪，考了一次没考上，又考第二次，第二次又失败了，家里人都劝他放弃吧，他执拗地非要再考一次。第三次高考，俞敏洪终于考进了北京大学，人生从此改变了。

常听到有人说，"要知足""就这样吧，挺好的""那个我不擅长，我不做""这个我没学过，我不懂"……可是一个人的发展，一个社会的发展，乃至整个世界的发展，都是靠着不断地去探索、不断地去做那些自己本不擅长的事而推动的。

如果没有哥白尼，"地心说"的理论不知道还要持续多久。当年科学家托勒密甚至为"地心说"提出了一个极为周密的数学模型，似乎坚不可摧。看似不可动摇的"地心说"理论，因为哥白尼的研究而发生了变化。"日心说"这一理论何止是擅不擅长的问题？

哥白尼之后是牛顿，牛顿对人类科学的贡献可谓开天辟地，有人称牛顿是"第二上帝"。牛顿做的研究是他擅长的吗？也不是。正是因为有这样一群人，做了自己不擅长的事，才推动了人类文明的进步和发展。

曾经有人质疑农业大学都学些啥，干些啥。一个偶然的机会我接触到一个农业大学的学生，聊到这个话题，他说他们大部分时间都在搞农业种子的研究、品种的研究等，经常会有新品种问世。他说人们总觉得农民是最好干的一个职业，只要把种子放进去，施肥拔草，等着收获就行了，不用动脑子，是人就会干。其实不然，这实在是把农民想得太简单了，尤其是现代新型农业的发展，农民也不是谁都能干的。如果只是老一套，按部就班地种地，农业是不会有丝毫发展的。

你知道吗，现在种子选择，化肥用量，生长期估算，包括种地的机器、收割的机器，大多数农民要懂得并学会使用，现在大多多农民家里有这些机器，已经不是十几年前甚至几年前的样子了，变化非常快，农民也要学习，也得进步，没有一样东西不是靠学来的，只做自己擅长的那一点，怎么可以？

与之类似的还有媒体，当年很火的网站论坛现在大多衰落了，或许我们都没想到，自媒体在短短两三年的时间就狠狠地冲击了存在几十年的传统媒体。

前段时间在北京参加社群会议，聊到当下的自媒体，在座的每一位大咖对自媒体都是从无到有，从不擅长到擅长，都在自媒体上尝到了甜头。可是这次会议不是说我们要把现在我们已经擅长的自媒体做成什么样子，做得如何如何好，而是探讨接下来我们要发展哪些新型项目。

其实不难发现，任何一个项目，做得好的总是最先开始的那些人，最先把不擅长变成擅长的人。整个会议下来，没有一个人说：我现在这个自媒体做得很好了，我已经擅长了，不再去冒险做我不擅长的事了。恰恰相反，大家都对新项目感兴趣并跃跃欲试。

中央电视台有一档节目叫《我爱发明》，节目里打动我的从来不是发明人发明的东西有多好，而是发明人不断地钻研、尝试和改错的过程。

记得有一期节目里，一个农民发明了一个香蕉树粉碎机，村里的人都不相信他，毕竟发明人只是个农民，又不是科学家、研发人员。可是，发明人不断地改良自己的机器，一次不行两次，两次不行三次，当多次尝试之后觉得可以了，便带着记者来到香蕉地里，跟正在砍香蕉树的 25 个人比赛，起初大家觉得肯定是人工赢了，他的机器怎么能行呢！结果机器飞快地将香蕉树粉碎，节省了人力、节省了时间，大家心服口服。一个普通的农民，研发机器从来不是他所擅长的，但不要就此认定他无法做成这件事。往往，那些看似不擅长的事，才是我们最应该做的事，才是最能发掘自身能量的事。

不满意现在？那是因为你有一个不努力的过去

翻开各大搜索问答平台，无数人有着同一份焦虑：对现状不满意。是啊，薪酬低，工作没前途，生活没质量，身体状况亚健康。没爱情、没朋友、没未来，这样的三无生活确实让人绝望，然而你想过这一切都是因为什么吗？

你说你太胖了，浑身赘肉，可是你想没想过你去健身房都做了什么？

如果没有教练的督促，你从来都没做够他规定的动作，没做满你预定的时间，你把更多的时间用来看电视，刷手机。只要教练离开，你就会不自主地停下来，从来没有体会过自觉地做好一系列的规范高效动作是什么感觉。

对此你也不是一无所觉，你发现自己根本没有出汗，也没有完成训练计划，只是泡在健身房里，用待在那里大量的时间来弥补你内心的惶恐。所以事实上，你只是耗费了大量的时间，什么也没得到。

你看，这就是你的勤奋，你的努力并没有效果，你只是假装努力而已。就算你假装努力，但是结果却不会陪你演戏！

你晚上迟迟不睡，白天工作很累，整天处于晨昏颠倒的状态让你的身体越来越差，长此以往别说升职加薪了，身体可能都要垮了。你的沮丧看起来并非毫无道理，别人都那么优秀，而你只有绝望的人生。造成这一切后果的是你自己，因为你有一个不努力的过去。

很多人都喜欢在做事之前列一份计划，这当然是好事，可以提高工作效率，使时间的分配更加合理，不过对于很多人来说，事情就停留在了这一步。常常是列了一份很完美的计划，却只是坚持了几天，然后就不了了之。

当今社会，网络发达，线上的社交更为方便，人们很容易联合起来，一起努力，互相鼓励，于是便有了流行的"早起党"。小丽就是"早起党"中的一员，每天早上五点起床，在群里打卡。好像只有这样才能证明自己的勤奋。一旦某一天睡过头或者忘记打卡便要自责后悔好久，好像耽误了多大的事业一样。

有一天，我羡慕地对小丽说："年轻真好，每天早上五点起床还神清气爽的，连黑眼圈都没有。"

没想到小丽一脸诧异："谁五点起床了？这么牛？"

我也有点错乱了："你不是五点起来打卡吗？打完卡你干吗啊？"

"打完卡当然接着睡了，美容觉对女人多重要啊。"

……

好吧，原来小丽打卡只是一种"行为艺术"。参加这样的活动并没有让小丽的早起变得有效，而只是亦步亦趋一个行为而已。

我们都听过"寒号鸟"的故事，那是一只窝在北方过冬的小鸟。有一天，它的窝破了一个大洞，凛冽的寒风顺着洞口直接吹到寒号鸟的身上，它冷得直发抖，于是哆哆嗦嗦地说道："真是太冷了，如果今天我没有被冻死，明天我就要把窝修补一下。"

第二天，温暖的阳光照在寒号鸟的身上，它觉得自己又活了过来，赶紧飞出去找食吃，还去远方的朋友那里做个客，安慰一下昨天晚上饱受煎熬的身心。就这样，一个白天过去了，寒号鸟的窝还是破着一个大洞。到了晚上，当寒风吹过时，寒号鸟又想起了之前的誓言，于是又哆哆嗦嗦地重复了一遍："真是太冷了，如果今天我没有被冻死，明天我就要把窝修补一下。"

第三天，阳光更加明媚，连温度也上升了几摄氏度，寒号鸟猜想，怕不是要到春天了吧？那还修什么窝啊，春光正好，不能白白辜负啊！所以，寒号鸟依然没有修补自己的巢。夜晚到了，寒风夹杂着雪花，刮到了寒号鸟的窝里，这一次，它没有来得及重复昨日的誓言，已经冻死在自己破旧的窝里。

寒号鸟的"拖延"，不努力修补鸟巢，让它付出了生命的代价。而我们呢？是否要走到这一步才会恍然大悟，为不努力的过去长吁短叹？

任何成就都不能维持一生的尊荣，你的成就只代表之前的努力得到了肯定，它与你的未来毫无关系，如果稍有成就就沾沾自喜，举步不前，那么你的终极目标是一定不会实现的。

　　每当你对现在不满意时，要知道，这全都是因为你有一个不努力的过去！你还要知道，今天是明天的昨天，如果你不从现在开始努力，明天的你还将收获一个不满意的当下！

重压之下，撑过去了就是远方

有一艘货船，在卸了货回航的路上遭遇了极可怕的风暴。水手们惊慌失措，在风暴中东奔西跑，却依然不能减弱货船摇晃的幅度。紧急时刻，经验丰富的老船长果断地命令水手们打开货舱，往船内灌水。

水手们议论纷纷，都觉得老船长疯了，水灌进船舱里之后船的压力增大，下沉的速度更快，那不是自寻死路吗？

不过货船摇晃得越来越厉害，眼看着就要倾倒，毫无办法的水手们只好听从老船长的安排，打开货舱往里面灌水。让水手们不解的是，货舱里的水越来越多，船越来越往下沉，却停止了剧烈的晃动。

水手们疑惑不已，为什么会这样呢？这时候，船长道出了其中的秘密："时常行船的人都知道，满载的巨轮几乎不会被风雨打翻，只有那些轻载的小船才容易发生意外。负重的货船更安全一些，反而船空载时，是最危险的。"这就是"压力效应"，船尚且如此，何况是人？一个放任自流、毫无压力的人就像是一艘空载的货轮，在遇到人生的风暴时很容易就被打翻在地。

与选择了冒险、拼搏、血战到底的人相比，那些把平稳舒适挂在嘴边的人，因为没有压力的鞭策，也就无法体会绝处逢生的喜悦，他们的思维往往是简单而浅薄的，因为没有惯于思考，所以无知而狂妄，只能永远生活在幻想之中，空虚而又劳碌。如果我们理智地处理好那些因为追求更多更好而形成的压力，它们就是促进你向前的动力，让你在危难之时做得更好，反应更快。每个人都要有血战到底的勇气，只有下定决心不留退路，逼迫自己必须成功，这样的人生才更有滋味，也更精彩。对于那些优柔寡断、畏缩胆怯的人来说，他的内心只有空虚和害怕，对于他们来说，逆风而行、一战到底就像是梦一样，永远无法变为现实。

当然，一战到底并不是盲目地拼命，而是要找对方向。

张卫健在成为演员、知名歌手之前，走过不少弯路。那时候，一支非常棒的球队邀请张卫健每周和他们一起练两次球，于是他做起了成为职业球员的梦。为此他成了"逃学威龙"。他也从最开始的一周两天不上课增加到三天、四天甚至是五天，最过分的一次是他一个月只上了一天的课，其他的时间都在练球，最后终于因为旷课过多而被学校开除。

被学校开除之后，张卫健更加心无旁骛地刻苦练球。然而，一年多以后，教练对他说："作为一个职业守门员最少要有一米九的身高，你不适合，所以你还是认真读书吧。"这话如同晴天霹雳，击碎了张卫健的职业球员梦。

破釜沉舟的勇气是好的，但是做任何事情并不是只靠勇气和一腔热血就能成功的，找对方向，用对方法同样很关键。

失学又被球队放弃的张卫健为了实现人生的价值，开始参加唱歌比赛，他的目标很明确，就是赢得冠军。不过，他的运气不是很好，第一年输掉了比赛，第二年继续参加，还是输掉了比赛。但他并不打算放弃，仍要一战到底！他相信只要努力，上天一定会看到，多做准备总是没错的。

他仔细地研究了比赛组织者的诉求，发现他们不是要找一个会唱歌的歌手，而是想制造一个能唱能跳而且外形好的明星。而一步步进入决赛之后，兜里仅有两千元的他还是花了一千八百元定做了一件战衣去比赛，完全没有想过若输了比赛要怎么办。此刻，在他心里没有"输"字，只有一股一战到底的劲头。而这一次，他如愿以偿地赢得了比赛，不单赢得了冠军，也成功地与唱片公司签订了合约，从此正式踏入了演艺圈。

在每一段成功故事的背后，都藏着苦难和泪水，没有人能随随便便成功。收获的甘甜，只有努力过的人最能了解，你所做的一切都不会是白白浪费的，那些年你所经历的艰难险阻，都会被岁月折算成胜利的荣光，在合适的时候全部回馈给你。只要你还记得自己的梦想，就不要屈服于眼前的苟且，只要人生还有一线希望，那么就全力跑下去，总有一天你会到达理想的彼岸。

没有一战到底的坚忍，就不会收获绝处逢生的喜悦，当你还在前进的道路上艰难跋涉的时候请相信："撑不过去的是苟且，撑过去了就是远方。"

别妄想了，没有如履平地的人生

最近的微博朋友圈被一个美女明星刷了屏，她就是张韶涵。

对于 80 后来说，张韶涵是如此地熟悉，她是电视剧《海豚湾恋人》里的易天边，是偶像剧《公主小妹》中无数女孩少女心的代表。歌曲《欧若拉》《隐形的翅膀》被少男少女们不断地模仿传唱；《潘多拉》《梦里花》红遍了大江南北。还记得 MP3 里播放率最高的就是她的《香水百合》《遗失的美好》《亲爱的那不是爱情》《快乐崇拜》……每一首歌都能让人沉醉。不单如此，她还是中国台湾唯一的火炬手，上过春晚，还是上海世博会的代言人。

这个女孩貌似受到了上天的偏爱，她的声线宽广，面容精致，演艺事业和歌唱事业如有神助，简直是成功人士的典范。

但她的人生不只有光鲜，先是因为患"心脏二尖瓣膜脱垂"而被迫暂停了演艺事业，紧接着她又被母亲"坑"了一把。母亲召开记者招待会，公开哭诉女儿将自己赶出家门的不孝，后又联合张韶涵的爸爸，也就是她的前夫，控告女儿弃养以及吸毒。相信这也就是八点档的狗血电视剧才能有如此的剧情，然而张韶涵之前辛苦努力得到的一切还是被这两个处心积虑的老人给毁了，之后的她失去了人气和代言，也没有有人给她写歌、为她出专辑，当然，也不会有公司再重用她。

你看，这就是人生，能给你无限的恩宠，也能将你打入泥土里，难以自拔。如果是你，你会怎么办？终日沉迷于痛苦之中自暴自弃，还是看破红尘，转身离开？张韶涵的选择是：从哪里跌倒就从哪里爬起来！

张韶涵的复出之战选择了一档综艺节目《歌手》。在《歌手》的舞台上，36岁的她那没有一丝皱纹的精致面容，笑出了满满的胶原蛋白，用极具爆发力的嗓音赢得了许多的掌声和赞扬。她用自己的经历告诉全世界，纵然人生坎坷，只要坚持下去，总会找到对的方向。尽管这次的复出只是一个人生片段，但是我们看到了一个不屈的女孩，正在坚持自己的梦想，正在坚强地面对来自这个世界的一切善意和恶意，因为有这样的态度，张韶涵的人生必定是精彩而有质量的。

生活就是如此，有苦、有甜、有疲惫、有伤痛，就是没有如履平地。

诗词真人秀电视节目《中国诗词大会》第三季结束了，但是我们不能忘记那位击败清华学霸，一举夺冠的外卖小哥雷海为，他一鸣惊人的背后是不懈的努力。雷海为出身普通，家境一般，但这并不妨碍他成为一个喜爱阅读的人。他自幼便沉浸在《红楼梦》和《资治通鉴》中，获得丰厚的精神养分。

雷海为不会写就朗读、背诵其他人的优秀作品；买不起诗集就去书店背诵、抄录；不能过目不忘就时时巩固，连等客人取外卖的时间都拿起自己的小本子争分夺秒地背诗。尽管他不是这个领域的专家，却还是用努力打败了清华文学硕士，在诗词大会的电视舞台上大放异彩。

真正抛弃你的，是那些比你努力的人，还有那个曾经努力的自己。在你玩手机、等外卖的时候，那个外卖小哥在背诗；当你在修自己在健身房的照片，试图让自己的小肚子没那么明显的时候，真正的健身达人正在健身房里举杠铃、推轮胎。

我们承认自己的碌碌无为，却又妄想得到成功如履平地。

程序员小李最近升职成了项目经理，高兴之余，他清楚这全得益于上一个公司的辞退。因为他小学不善言辞、耐不住寂寞，写代码的业务水平非常一般，公司的几次绩效考核成绩都非常不理想，因此他被公司辞退。失业的小李痛苦过，也迷茫过，最后却是决定在哪里跌倒就在哪里爬起来，于是报了一个代码补习班，一顿恶补，并且他着重培养了自己的耐心，终于成功地晋身程序员大牛之列，因此被新公司重用。

谁都希望自己的人生是一帆风顺的，但这种可能性微乎其微。人都是从困难和挑战中成长起来的，没有了这些坎坷，人如何能成长呢？

顺境中的高执行力固然可贵，能保证你不至于被他人赶超；而困境中依然在线的执行力才是你超越他人，成为行业领跑者的保证。当你在困境中抱怨人生毫无希望的时候，你不知道，其实困境中的每一次磨难都是你的希望，它们磨炼了你的意志，提升了你的能力。那些被困境中的艰难险阻刻下的痕迹正是你获得成功的最大资本。

　　人生本是如此，从来就没有如履平地。梅花香自苦寒来，只有经历挫折的磨砺之后，才能收获一个无限精彩的人生。

你那么优秀，还用得着努力？

卢梭曾经说："人之所以犯错，不是因为他们不懂，而是因为他们自以为什么都懂。"世界上有这样一种人，他对自己有一种莫名的优越感，在他的心里认为，自己在任何方面都是卓越的，就算是和身边的人说话，也是一副"你们聆听圣训，应备感荣幸"的样子。

你的身边一定不缺少这样的人：别人说的每个话题，他都会言之凿凿地盖棺论定，不允许任何人有一点质疑；面对别人的任何成就，他都会轻蔑地说，不过如此，换成我做得更好；在酒桌上听到最多的一定会是他的自我吹嘘，一遍又一遍，耳熟能详。如果有人站起来肯定他的优秀，他又会故作谦虚地说，"我不行，还得努力。"

每当这时候，真想大声地告诉他：您这么优秀，千万别再努力了！

那些夸夸其谈的人可能并不知道，越是优秀的人，越是能发现自己的无知，所以他们步步为营，心存敬畏，也正是因为这种自知让他们不停地探索，不断地进步。与他们相反的正是那些平庸的人，因为无知，所以无畏。在他们一知半解的世界里，他们理应是天下无敌的。

傅盛在"认知三部曲"中提到，人有四种认知境界："不知道自己不知道""知道自己不知道""知道自己知道"和"不知道自己知道"。95%的人都处在"不知道自己不知道"这一个认知层面。

优秀者和平庸者最大的区别就是对自我的认知，自知无知才是真的优秀。对于那些自以为是的人来说，他们无须上进，因为他们早已无所不能。当然，他们也并不能走得更远，因为决定一个人能走多远的，正是他是否知道自己与成功真正的距离。

也正是因为如此，越是优秀的人越努力，而那些自命不凡的人则躺在功劳簿上，很难踏出前行的脚步。当然，我更想问他们的是：你们为什么不再努力了？你们知道吗，以为自己无所不知，正是无知的开始！

那些因为意外取得了一点小成绩而沾沾自喜的人不知道，真正有本事的人不仅生得比他们好，还比他更用力地活着。

澳门赌王何鸿燊和四太梁安琪的三子何猷君可谓人生赢家，既是"投胎小能手"，又生得相貌堂堂，一表人才。按理说，这样的家世子弟完全不需要做什么就远胜于很多拼搏了一辈子的人所能拥有的。然而，他却从来没有停止努力。

没有人能否认这个 90 后的优秀，他从小就擅长数学，多次参加国外数学邀请赛，更是在英国奥林匹克数学竞赛中夺得名次，并且同时被英国的牛津大学和美国麻省理工学院录取，是麻省理工学院年龄最小的学生。在他的身上丝毫看不出富二代身上普遍存在的奢靡腐败。更让人敬佩的是，在学习上他从来不松懈，永远力争第一。据说，在麻省理工念书期间，为了用三年的时间完成四年的课程，在图书馆泡到凌晨三四点对于何猷君来说就是家常便饭，他甚至还曾经五天不回宿舍，待在读书馆刷题。在他的社交账号上，不乏他上课、泡图书馆、加班刷题读书的照片。别人一年通常修四门课程，而他一年修八门课程。

尤为难得的是，何猷君并不是死读书，他曾经"入侵"过学校的灯光管理系统，使学校的灯如"俄罗斯方块"一样逐个熄灭。他还拥有金融学硕士的学历。毕业后的何猷君独自来到上海创业，而不是依附家族的公司生存。

很想问问那些夸夸其谈的人，你们是否有何猷君一样耀眼的简历？和他比起来，你们那些"光荣事迹"是否真的值得吹嘘？醒醒吧，你并不是真的有你想的那么优秀。

世界不曾亏欠每一个努力的人，也会记得每个人的梦想。梦想中的那些美好支撑着我们为之奋斗，那些翘首期盼的梦想就在不远处，等待着我们去奋斗、去追寻。

我们很容易发现，那些真正优秀的人对于自己的过往成绩的描述往往是"云淡风轻"的。

做了许多年纸媒工作的师兄忽然跳槽，竟然成了某著名会计师事务所的审计人员。这样跨行业的华丽转身让人不禁啧啧称奇，要知道，纸媒是出了名的加班多的行业，他是怎么挤出时间来为自己的转行做知识储备的呢？

原来，师兄在发现纸媒效益下滑之后，开始思索今后的出路。于是他推掉大部分的应酬，专心苦读，终于考取了金融硕士，并且取得了毕业证，因此才能顺利转行，完成了在他人眼里简直是奇迹的跨越。但是说到这些事情时，师兄的表情非常平淡，就像是早上煎了一个荷包蛋一样不足为奇。

那些为自己的成绩沾沾自喜的人可知道，你并不是天才，只是一个平凡的普通人，也许小有成绩，但那都是曾经勤奋努力的结果。真正有真材实料的人没必要去告诉全世界，更不需要在意他人的眼光。不需要把自己装扮成让人仰望的模样，当然，更不需要浪费时间去仰望他人。

我们需要做的，只是脚踏实地地默默付出。那些经常挂在嘴边的事情本来就是理应做到而且必须做到的，并不是我们骄傲的资本。要知道，努力才是人生的常态。当你执着于在别人的评论里自己是否优秀时，你就开始退步了。努力让明天的自己比今天更好，这就是人生最大的成功。

努力的永远是优秀的人，勤奋的人经常是富有的人，谦卑学习的人总是极具智慧的人，缘何如此？因为优秀的人看到的是比自己更优秀的人，所以必须加倍努力；而平庸的人看到的都是比自己更平庸的人。

不要一边抱怨生活，一边得过且过

邻居妹子小艾是一个高三学生，准确地说是高三艺考生。也许是马上要高考了心情比较焦虑，总是听见她大喊大叫："真生气，气死人了！"

说实话，我是有点好奇的，毕竟马上就要高考了，家里人为什么不顺着点孩子的意思，让她心态平和地度过这个人生的第一个转折期呢？直到后来我才知道，让小丫头生气的并不是她的家人，而是一个意想不到的人——明星赵丽颖！

这就很难理解了，人家一个大明星，怎么会气到你一个名不见经传的小小艺考生呢？原来，这是小艾的嫉妒心在作祟。在小艾眼里，赵丽颖只是一个农村出来的小丫头，学历不高，不过是长相有点清纯，我长得也不差啊，凭什么她就有演戏的天赋，运气又那么好，能被冯小刚导演相中，自此平步青云，拍了那么多影视剧，得了那么多的赞誉和奖项？

真想告诉小艾，知道这些事情你就生气，那知道得更多了，你不还被气死了？

因为赵丽颖不仅长得漂亮，运气好，而且还十分努力。她是影视圈有名的"劳模""拼命三娘""高产小花旦"，一年365天，甚至有360天在工作。而且，她拍戏的时候很少用替身，多数都是靠自己的意志力完成戏份。简单地说就是：比你优秀的人比你更努力。就冲着赵丽颖如此努力，将来她必定会得到更多荣誉，收获更美好的人生。

固然，赵丽颖的出名也有着一定的运气成分，而邻居小艾看起来长得不差，家境甚至比出身农村的赵丽颖要好一些，但是你可看到了她在演戏上的天分？作为一个非科班出身的农村女孩，赵丽颖的演技要比那些只会瞪眼卖帅的小花、小鲜肉强上无数倍。重要的是，她很努力！因为在拍戏上的坚持，使得她有很严重的腰伤，甚至在不拍戏的间隙只能蹲在地上以缓解腰疼。而小艾，或者说我们大部分人呢？得过且过，偷懒、贪吃，不喜思考，这样的我们，怎么能走到心中渴望的高处呢？

从一开始就选择了轻松自在的人，注定没有大的成就。而对于那些敢于向困难发起挑战的人来说，路虽漫长，但是总有到达彼岸的一天。逃避退缩只能让人走向失败，到最后无奈地说一句顺其自然，其实不过是掩饰自己的失败而已。

你可知，思想上的松懈，带来的是行动上的放纵。即使是一开始差不多的两个人，两人努力程度的不同最后结果往往会相差很多。有的人一直给自己的能力做增量，而有的人却一直在消耗自己的存量，一进一退之间，一升一降之时，一紧一松之隔，差别与日俱增。直到别人的进步呈指数增长，使得你在短时间内再也难以赶上。人与人是不同的，你眼里的竭尽全力在别人眼里可能只是深吸一口气而已，越是优秀的人对自己的要求越苛刻，久而久之，优秀成了习惯。

只有敢于逆流而上的人才能沐浴到山顶的曙光。所以，你只能不断地努力，提高自己的能力，不断地往上走，才能在你原本仰望的圈子里站住脚。

何猷君可以一辈子衣食无忧，但他却没有选择依仗家世，而是活出了一副与天斗的勇士模样。

打破大家对富二代惯常想法的是他参加了一个名为《最强大脑》的综艺节目，他在节目中表现出来的可超智商让人惊叹。面对第一关"数字华容道"，何猷君不仅没有如队长预测的那样，用一两分钟的时间完成，而且还大爆冷门，仅仅用了 21 秒的时间就在一百多名选手之中取得了第一名。第二关的比试中，他依然从容地取得了第一名。

生在富豪之家，智商又高，何猷君已经让人羡慕嫉妒了，然而"气死人"的是，他还十分努力！

在麻省理工读硕士的那几年，何猷君为了提前一年取得毕业证，几乎谢绝了所有的社交活动，在别人玩乐时，他在做题；别人睡觉时，他在做题……终于，他用三年的时间就从麻省理工毕业，成为麻省理工历史上最年轻的硕士。没有人有理由理所应当地躺在前辈的功劳簿上混吃等死，何况是什么都没有的你，所以停止一边抱怨一边浑浑噩噩得过且过吧！

张爱玲说过："想要做什么，就立刻去做，人是最拿不准的东西。"一件事成功与否，只有做了才知道。

　　生气是没用的，就算气死，生活也不会对你多一分怜悯。如果你对当下的生活感到迷茫，怅然若失，那么就打开窗，让清冷的空气把头脑里的那些"理性"的人生规划、职业定位都吹出去。从最简单的行动开始改变，并且一直坚持下去，经年之后你会发现，你的人生已经大不一样。

听懂别人的弦外之音，他们十有八九话里有话

俗话说"看人看相，听话听音"。为人处世，会说话是本事，会"听"话也是重要技能，能从对方的言语中发现他没有说出口的真实意图，对我们的日常人际交往而言意义重大。

现在的人，太懂人情世故，也就少了几分有话直说的洒脱，"话里有话"是人际交往常会遇到的交流方式，所以，想在人际交往中游刃有余，就要留意别人的弦外之音。

明初，浙江嘉定地区有个首富叫万二，是元朝遗民。一次，他的朋友去了趟京城，回来之后，万二向他询问在京城的所见所

闻。朋友告诉他，皇帝最近作了一首诗，原文是"百僚未起朕先起，百僚已睡朕未睡。不如江南富足翁，日高丈五犹拥被"。万二听后心头一惊，不由得叹气，随后，他将家产交由仆人掌管，安顿好家产后又买了一条船，带着一家老小离开了这里。很快，朝廷收缴了江南大族的财产，万二一家躲过一劫。

听懂弦外之音是种本事，正如万二因此而保全了一家老小，免于落难。如果一个人听不出弦外之音，有时候是会让对方抓狂的。

沈先生在一家杂志社担任主编，因为他听不出别人的弦外之音而险些让别人下不来台。一次，他找到自己的大学老师陈教授，向他发出了约稿函。不久后，沈先生办了一次座谈会，他邀请了陈教授参加。在会场看到陈教授后，沈先生赶紧走到他身边，直奔主题，询问稿子的事。陈教授抱歉地表示，稿子忘了带过来，让他明天上午派人去取。沈先生没听出陈教授的言外之意，便热情地表示，一会儿可以开车送他回去，正好把稿子带着。陈教授有些尴尬地说，自己一会儿还有其他事要办，暂时不回家，稿子还是明天再拿吧。

座谈会结束之后，沈先生正好看到陈教授和另一位编辑在路口等车，便问他们要去哪里，那位编辑说是陪陈教授回家。沈先生一听，便邀请陈教授和那位编辑上车，正好去拿稿子。陈教授表示，家门口那条巷子太窄，还总是停满了车，不如把他放在巷口，自己走回去，稿子明天再说。沈先生依旧坚持，要送他回家并要带走稿子。陈教授拗不过，只好一同回家。到家后，陈教授说，忘了把稿子放在哪儿了，楼下不好停车，不如先回去，明天再来取。沈先生到这个时候仍不妥协，陈教授没办法，只好实话实说，表示稿子还没有写。

如果说起初陈教授的言外之意并不明显的话，接下来的一来二往，完全是在暗示沈先生，可惜沈先生只顾着理解表面的意思，没有领悟陈教授真正的意图。沈先生要是能够在半途适可而止，也就不至于会让陈教授在最后不得不承认自己还没写稿，甚至不得不承认自己之前说了谎话。如果按照陈教授之前的意思，第二天再来拿稿子的话，双方都不会尴尬。

生活中经常会有类似的经历，对方努力想用含糊的言语表达自己，结果却如同对牛弹琴。想要听懂别人的言外之意，说简单也并不简单，脑筋稍微慢一点，或是没有留意到那个点，也就错过了更接近别人本意的机会。有时候，往往越是被人隐藏的意图，越是最真实的想法。因为无法明说，所以才试着隐藏，为了让别人能够领会，又留下了暗示。

曹操颇为欣赏曹植的才华，但当时已立曹丕为太子，所以就想废了曹丕让曹植当太子。曹操将这个想法告诉了贾诩，想征求他的意见。贾诩听后没有说话，曹操不知其意，便问他为什么不说话。贾诩回答说："我正在想一件事。"曹操不解，便询问什么事。贾诩答道："我在想袁绍、刘表废长立幼招致灾祸的事。"曹操听后，明白了贾诩的弦外之音，他是在表明自己反对废掉曹丕而转立曹植。

按照曹操的性格，如果贾诩直接反对，怕是心有不悦。但是，贾诩没去碰曹操的雷区，而是以弦外之音来表达自己的想法。曹操机智过人，话音未落就已经明白了他的意思。

这就是和聪明人说话的好处，即便你说得再含蓄隐晦，对方也能明白，当然，会表达弦外之音的人也是聪明人。会听比会说要容易一些，但会听也需要灵活的头脑，听得准、听得对，才能为自己的人际交往加分。

你的眼界，决定了你的境界

别急着发表见解，做个有见识的人

有见识是更高层次的聪明，有的人虽然聪明却没有见识，注定会埋没了自己的聪明，而有见识的人也能够看得更高、更远，不易被蒙蔽双眼。所以，比起成为一个聪明的人，更重要的是成为一个有见识的人。

没见识的人有一个共同点，即看待事物的角度仅仅局限于自己的眼界，而且时常自以为是，难以接受别人的观点。诚然，人人见识有限，更何况"天外有天，人外有人"，无人敢自称最有见识，但我们可以努力不要成为那个最没有见识的人。

没见识分为两种，一种是俗话说的没见过世面，一种是思想上的见识短浅。一个见多识广的人，不会对一些不常见的事物大惊小怪，也不会稍微超出他的认知范畴就慌了手脚。而一个有远见卓识的人，不会对与自己认知不符的事物心存偏见，相反，他会以一种包容接纳的态度去了解。

互联网时代直接造就了"碎片时间""碎片信息"，堪称信息大爆炸，每个人都能够从互联网中获取大量信息，有些人便自以为无所不知，但一开口就露了馅儿。

一次，朋友小聚，聊起最近的一则新闻，"在广西灵山县，一名文身男因偷香蕉与当地村民起冲突，男子持棒球棍破口大骂，后遭村民围殴砸车"，一时间东北人被推上了风口浪尖。朋友斩钉截铁地认为，东北人就是这样蛮不讲理，东北人都是愣头青……总而言之，在他的认知中，东北人都是光着膀子，有大片文身，说话一口大碴子味。试问，他真的接触过东北人吗？即便接触过，他能以个别东北人的形象来代替所有东北人吗？"地域黑"就是没见识的一种表现，以偏概全，还以为自己了解了全部。

　　听风就是雨也是没见识的一种表现，遇事不动脑子，别人说什么就是什么，习惯性跟风。跟风现象在网上尤为明显，有太多不明所以就急于做判断的人。越是没见识，越是有着超强的表达欲，正是因为见识少，所以才会造成一种"我了解一切"的错觉。

　　朋友圈曾被一篇名为《江苏女教师监考中去世，中学生平静做题——冷血无知的考试机器何以造就？》的文章刷屏，许多人开始质疑抨击现有的教育模式，文中所提到的孩子们被网民称为"冷血的考试机器"。然而，就在几天后，当地教育局公布了事件的调查结果，在事发现场，学生们并不是像文中所说的那样无动于衷，而是在监考老师出现异常情况后第一时间找到了其他老师并告知情况。

　　暂且不说写这篇文章的人是何居心——在不了解具体经过的情况下，大笔一挥就写了这么一篇文章，给学生们扣上了"冷血""无知"的帽子。

　　见识少的人习惯以自己的生活方式去评判别人，但凡与他不同，就会被他认为是"异端分子"。这类人对世界存在巨大的误解。

世界之大，岂止一种生活模式？

一个东西到底有没有价值，不在于价格，而是对于每个人而言是否有意义。无论是电动牙刷，还是苹果手机，到底值不值这个价钱，每个人的价值观不同，所得出的答案也就不同。

对待事物的看法，能够直接反映出一个人的见识，井底之蛙自然难以理解世界之复杂多变，那一口井的天空就是他的全部世界，你和他聊那一小片天空之外的事情，自然不会有宽心的交谈。

没见识并不可怕，毕竟世界之大总有我们难以了解、接触到的事物，但是，有些没有见识的人会对自己不认同的事情进行肤浅的批判。

别急着发表自己的见解，否则只会让别人笑话你的无知和浅陋。学会谦卑，学会尊重，而不是自以为是，站在自己的角度去妄加点评别人。

一个有见识的人，反而更加谦卑，绝不会张牙舞爪，试图抓住一切机会来炫耀自己。正是因为见识到了这个世界的缤纷多彩，才意识到自己只是渺小的存在，认识到自己思想的狭隘和局限性，能够接受其他与自己不同的存在。

想成为有见识的人，也绝不是一件容易的事。在摆脱没见识的浅陋之前，首先学会管好自己的嘴巴，就算有万般看法也不要急着说出来。一个聪明的人应该懂得避免表露自己的无知，而一个有见识的人更懂得尊重别人的观点。

视野不设限，你才不至于把自己看得太重

沃尔特·达姆罗施 20 多岁的时候就成了乐队指挥，这让他不禁有些飘飘然，自认为是乐队不可或缺的存在。

有一天排练的时候，达姆罗施发现指挥棒被忘在家里了。在他打算派人回去取的时候，他的秘书却说："没关系，向乐队其他人借一下就行了。"

秘书的话让达姆罗施非常不解，但他还是敷衍地看向乐队成员，问道："你们谁能借我一根指挥棒？"让沃尔特·达姆罗施毕生难忘的事情发生了：大提琴手、首席小提琴手以及钢琴手每个

人都拿出了一根指挥棒。这一幕让得意忘形的达姆罗施认识到，原来自己根本没有自己想象的那么重要，大家都在暗暗做着准备，提升着自己的能力。这件事一直激励着达姆罗施，使他一直保持谦虚、内敛、勤奋的敬业态度，再不敢停下努力的脚步。达姆罗施也因此成了美国著名的指挥家、作曲家。

的确，没有谁永远是理所当然的第一，如果有点成绩就沾沾自喜的话，那么迎接他的将会是残酷失败的现实。在任何一个企业或者其他团体中，没有谁是不可取代的，离开谁地球都会照常运转。

如果你把自己看得太重，就一定会失重；当自我标榜过高的时候，你一定会失落。如果你发现自己既失重又失落，那么一定是太把自己当回事了！

人的本性都是喜欢被人关注的，也喜欢关注别人。当你自认为了不起，认为世界之大，总会有自己展示的舞台的时候，你或许走向了碌碌无为。因为这样的人大多是以自我为中心的，只对自己的事情感兴趣，把别人都当成是配角。但事实真是如此吗？大家都是人，凭什么你就是主角呢？

美团点评 CEO 王兴回母校清华大学做了一次演讲，作为一个过来人，一个毕业了的学长，他对学弟学妹们提出了自己的建议。其中的一点就是：别太把自己当回事。

他说："虽然你们在学校学了很多东西，但走出校园后，你们所学的并不能直接应用。"的确，不管你之前是如何惊才绝艳，考上了什么名牌大学，在校期间有什么样的成绩，当你毕业之后走向社会，走向企业之后，你只是一个职场小白。企业不会为你的过去埋单，顾客也不会为你的过去埋单，所以务必要低下头，打开视野，别把自己太当回事，"忘掉过去的一切，去拥抱新的东西，去学习新的东西"，才能在工作岗位上创造新的辉煌，开启属于自己的新篇章。

曾经的室友小六在参加工作之后一直非常努力地工作，期待有一天可以出人头地。终于有一天，领导找他谈话，希望他可以参加公司里一个非常重要的项目。尽管作为新人的他并不能当这个项目的头头儿，但是在他看来，能参加这样的大项目已然是一种荣幸与肯定。因此小六更加积极认真地做好自己手里的每一份工作。就这样过了一年，大家合作得都很愉快，但很快就发生了不愉快的事情：领导又把一个和小六差不多的新人调到了项目组里，具体职能和小六差不多，专注于辅助工作。

小六因此十分不悦，屡次发脾气，认为自己"失宠了"，"职业危机"到了。同事对他笑，他觉得是嘲笑他，是那些嫉妒他得到好机会的人"心里偷着乐"；当人家表情严肃地面对他的时候，他又觉得这人是因为他失宠了看不起他，整天患得患失，工作也失去了平时的水准。

一次普通的人事调动为什么会让原本工作努力认真的小六产生如此之大的变化呢？归根结底还是那句话："他把自己看得太重了！"

小六只希望自己一枝独秀，希望其他人都默默无闻，给自己的升迁做垫脚石；他的想法过于自我，其他同事的普通工作调动就让他认为领导不再重视自己了，在寻找自己的替代者，自己的前途变得一片灰暗了；他太看重自己的面子了，他认为自己失了面子，那些平常"羡慕"自己的人终于得偿所愿、舒心了，他现在"上面没人罩，下面全偷笑"。

事实真的如此吗？经过了几个月的考察磨合，小六才发现，这一切不过是自己的臆想而已。在领导心里，他没有自己最开始认为的那么好，却也没有后来认为的那么不堪；同事的加入，也只不过是领导出于人力资源方面的考虑；而其他同事也没有那么关注小六的那点小情绪。也就是说，这几个月的折磨，仅仅是小六过于拿自己当回事的惩罚而已，那一刻他才明白，世界那么大，不差任何一个人。

一个人就算能力再强，也得脚踏实地，正确地认识自己，而不是眼高于顶，自我感觉良好，期待着能以一己之力来力挽狂澜。

把自己太当回事的人，除了架子太大，还有就是嘴大，但即使再大，你也撑不破天，顶多"损伤了胃"。身心脾胃坏了，更体现不了你的价值，最后，人家干脆不理你，宁愿躲着你，也不愿看你那副嘴脸。当一个人一而再、再而三地失去了宝贵人格尊严之后，只能是延迟了自己成长的步伐。

越是把自己当回事的人，越容易被世人所弃。处处摆架子、说空话；这个不行、那个不好，总之，别人都不如他。结果，越来越多的人都不愿意靠近他，他在别人印象里成了不好说话的代表，为了自己的尊严，也为了少费一些口舌，大家做任何事都会绕过他。

所以说，你真的没有你想的那么重要。你在，无足轻重；你不在，也无伤大雅。太把自己当回事，最后的结果只能是受尽冷落、孤芳自赏而已。

看得远些，结果也许并没有那么重要

参加工作的第二年，公司要竞选总监，规定是在公司工作满一年就可以参加，小林也报名了。有同事非常好奇地问："你怎么能去报名呢？"

小林觉得很奇怪："符合条件为什么不能报名呢？"

那个同事笑了："规定确实是如此，但是你知道你要和谁一起竞争吗？都是一帮工作好几年的老员工。还有一批硕士、博士，你怎么和人家比啊？"

小林凭着年轻气盛，说："我努力就是，怕什么！"

就这样，小林每天加班到深夜，学习专业知识，原本雷打不动的周末爬山、打羽毛球也暂时放弃了，当然也不会再频繁地和朋友们一起吃饭、玩乐，只要有时间就学习，拼命地学习。他知道，只有拼命努力才能比得过别人。

离考核还有三天，小林有点撑不住了，长期精神紧张且整夜失眠，吃了几天的安眠药之后，他也不敢继续吃了，因为他开始大把地掉头发。那时候，看着镜子里的自己，小林甚至都不敢承认面前这个苍白又憔悴的人是他。

最后，小林还是落选了，因为老板明确地表示，虽然只要符合工作满一年的条件就可以报名，但其实最后的人选还是从硕士以上学历中选取的。

虽有些失落，但小林还是有心理准备的，他也知道可能会是这个结果。同事问他："有没有后悔？"

小林回答："为什么要后悔呢？有些时候没有得到想要的结果，其实不是我们不努力，而是实在无能为力。但是这种无能为力恰恰是值得的，你需要用你的努力把自己感动。"

人生最难得的是超越自己，无奈也好，努力争取也罢，总是会蹉跎前行的。我们无须纠结于生活的点点滴滴，人生的起起落落，只要努力到感动自己就可以了！

在这个世界上，我们并不是无所不能的。即使是最有权力、最为富有的人也有着许多属于他的无奈和无能为力。易逝的韶光、短暂的青春、留不住的人以及难以改变的事……

著名企业家杨石头在《职来职往》中说："拼搏到无能为力，坚持到感动自己。"这是一句带着力量与温度的话，可以让奋斗者加倍努力，也可以让碌碌无为的人懊恼悔恨。没有努力到无能为力，就不要说自己很努力了！当你的奋斗感动不了自己的时候，只能说明你还可以更加努力地奋斗。

成功，从来都没有捷径，只有脚踏实地地努力，经历挫折和失败，才能在事业上得到想要的成绩，那些披着"主角光环"的人也同样如此。你可知道，那些成功人士有多卖命？

王健林作为中国首富，他的忙碌也是你所不能想象的，24小时，两个国家，三个城市，飞了6000多公里，签约500亿合同……

但是你可知道，这并不是多么特别的一天，对于王健林来说，这不过是生活日常而已。作为参军17年的老兵，王健林的生活规律早已形成：早上五点半起床，晚上九点熄灯睡觉。虽然他如今早已成为知名企业家，但是这个生活习惯丝毫没有改变。在不出差的日子里，早上七点半，北京万达总部 25 楼的办公室里，一定会有王健林的身影出现。对于他来说，不管是创业初期还是如今事业有成，这个习惯都不会改变。

功成名就之后的王健林似乎把奋斗的习惯当成了日常，丝毫没有因为如今的成绩而沾沾自喜。2012 年，他又开始了每天一小时的跑步健身，以便将体力和精力保持在最好的状态，实现他工作到 75 岁的愿望。

2012 年在央视的一个活动上，王健林这样回顾他的创业经历：

"怎样才能创业成功？我认为勤奋最重要，这点我深有体会。由于我是个转业兵，在创业初期，对房地产行业一点儿也不了解，很多同行笑话我，他们评价，我早晚会从哪儿来回哪儿去。

"所以我下决心，先学习，在接下来的四五年的时间里，我放弃了所有的休息时间，白天正常上班，晚上所有的时间都拿来学习。我相信勤能补拙，奋斗可以帮助我们发现机遇和把握机遇。"

对于他来说，勤能补拙，正是努力到极限帮助他发现了机遇并将其牢牢把握在了手里。很多时候，当你努力了之后你会发现，结果已经不再重要，只要踏踏实实做好我们该做好的事情，所想所求似乎会随之悄然而来。

尽管生活中没有绝对的公平，难免有的人起点高，也有的人不尽如人意，但是归根结底，生活会对努力的人偏爱一些。很多因素都会对一个人的命运产生影响，但是最为直接的方法却是勤奋。对于勤奋的人来说，他不一定成功，然而不勤奋的人一定不会成功。

每一份惊才绝艳的背后藏着的都是日复一日的努力；每一份成就的背后都藏着不为人知的寂寞和坚持；每一个成功人士的背后蕴藏的自律与毅力也是我们无法想象的。对于很多成功人士来说，勤奋是获取胜利的不二法门：特斯拉 CEO 埃隆·马斯克每周工作时间在一百小时以上，几乎没有在凌晨三点之前入睡的时候；宗庆后一天有三分之二的时间都在工作，一年中奔波在市场一线的时间超过了二百天；企业家雷军曾经说过，他的午餐时间只有三分钟，每天至少要开十一个会议；美国苹果公司联合创始人乔布斯在生命即将到达终点的时候还在加班……

看到了吗？那些让人艳羡的成功者，即便已经抵达人生高峰，可他们依旧在路上，徐徐向前。因为他们看得更远，所以才站得更高。他们明白过程的意义，也就不在乎结果是否必须与预期分毫不差。他们早已看透，行走的过程和状态，才是成功与否的关键所在。

只愿经历普通的挫折，就只能过普通的生活

有人说，小时候的相貌是父母给的，而三十岁以后的长相是自己决定的。人成年以后，生活过得好不好从他脸上就能看出来。

貌似真是如此。过年回家，见到了一些同学，其中变化最大的当数我们班当初的"数学小王子"了。他那张白皙的脸上写满了迷茫与愁苦，有几分圆滑却也带着三分懦弱，似乎在生活中经历了数不尽的挫折，因而变得草木皆兵。

他不应该是这样的！记得上学的时候，他的数学很好，拿到了许多的奖，他的眼神里总是藏着坚定与灵动，同学们都认为他

一定会在数学的专业领域走下去并有所成就。没想到的是，高考填志愿的时候，他的家人觉得数学专业不好就业，而他也不想走辛苦的纯理论研究，因此选了热门的贸易专业。

但是，毕业后他的职业生涯不怎么顺利。跌跌撞撞换了几次工作之后，他发现自己不仅不喜欢做贸易，而且他的性格也不太适合这个行业。

当他意识到像其他理工科同学一样，申请到国外大学读书，重新回到数学专业也是一条出路之后，他仓促地准备考研，无奈差了几分与奖学金失之交臂。

家里人的意见是找一个稳定的工作，而不是像现在这样浪费时间去做一件不知结果的事情。他理解家里人的顾虑，其实他也有些着急了，毕竟曾经的同学要么工作经验丰富，要么在学术上有所建树，而他却是迷茫且慌乱的。既然家里人都说当公务员待遇不错，稳定而清闲，那么就考公务员吧。

他为了考公务员又脱产一年多，不过因为文科确实太弱了，考了几次都没有达成所愿。所幸他报考了不少的事业单位的岗位，想不到无心插柳柳成荫，顺利考入了一家较好的事业单位。对比于这几年的艰辛求职经历，现在他也算是拿到了稳定的铁饭碗，然而事实证明，他还是太天真了。

还没在总部熟悉情况，单位就派他和其他几个大学生"下基层锻炼"，所到之处都是偏远的地方。日子一天一天过去了，不仅当时说好的一年之后就调剂回来没有实现，在基层，他生活得也不好。不善交际，又是新人的他被老员工安排了很多杂活儿，他日子过得不仅不"悠闲"反而是混乱又辛苦。

后来经过一段时间的痛苦抉择，他从事业单位辞职了。在往后的几年里，他虽然换了很多工作，但依然没有找到自己想要的安稳。

你看，你选择了逃避，不想经历太大的挫折和挑战，那么你只能过最普通的生活，每天颠沛波折，过了今天不知道明天的路要往哪里走。

对于一个老板来说，不管多难，他也会坚持去找寻解决方法，而员工在做得不好的时候就会选择逃离；对于一对夫妻来说，即使出现了很大的问题，最先选择的也不会是离婚，而一对情侣却会因为一些微不足道的事情选择分手。这是因为你对这件事、这段关系的投入程度决定了你所能承担压力的上限以及你能坚持多久、取得多大的成功。

实业家李嘉诚说："你想过普通的生活，就会遇到普通的挫折。你想过上最好的生活，就一定会遇上最强的伤害。这世界很公平，你想要最好，就一定会给你最痛。能闯过去，你就是赢家，闯不过去，那就乖乖做普通人。所谓成功，并不是看你有多聪明，也不是要你出卖自己，而是看你能否笑着渡过难关。"

万通控股董事长冯仑说："伟大都是熬出来的。"

对于一个成功人士来说，能承受多大的诋毁，就经受得起多大的赞美。为什么那些成功的人会淡定从容地面对一切赞美和嘉奖？因为所有的赞誉都不是凭空而来的，都是他通过艰苦的努力换取的。这荣誉是用别人无法想象的力量，迎着诋毁和怀疑，一路披荆斩棘、降妖伏魔收获来的。因此当收获别人的肯定的时候，他才能淡然不惊，微微一笑。

在中国的喜剧界有一个著名的女演员——贾玲。如今的她，身材丰腴，而她也曾经是纤瘦的模样。但无论外表如何，观众对她的喜爱始终如一。大家喜欢看她用一本正经的样子撒娇卖萌，"毁掉"我们心中的一个又一个经典。为了实现心中的喜剧梦，贾玲在北京漂泊了五六年，为此吃尽了生活的苦。因为挣钱不多，她只能租住在一间小到连转身都困难的房子里。

这还不是最难的，最难的时候贾玲仅 20 块钱卖掉了自己的随身听，以维持生活。为了能够得到演出的机会，她四处求人，甚至有一次演出只给她 7 元钱的出场费。她没有拒绝，而是只要有机会就去演，没钱拿她就以把观众逗乐为目标。陈佩斯曾说过："喜剧是把观众抬得很高很高，让演员自己很卑贱很卑贱，用我的卑贱来赢得观众的笑声。"作为一名喜剧人的贾玲深谙此道，无数次用最低的姿态赢得掌声和欣赏，在生活的挫折和艰辛中开出了美丽的花朵。贾玲用自己的努力和高情商为自己的生活、工作赢得了一条康庄大道。这条追梦的路，虽遥远、崎岖，但是贾玲终于越来越接近梦想的彼岸了！

对于在生活的道路上挣扎跋涉的我们来说，道理亦然，想要过不普通的生活，就要承担与之相对应的苦难与挫折。就如音乐人李宗盛说的那样："人生没有白走的路，每一步都算数。"

敞开你的心，不是所有人都要受教于你

最近单位的女强人陈姐十分失落，尽管陈姐在单位呼风唤雨，但是她却越来越觉得自己不是一个成功的妻子、合格的妈妈。事情是这样的：可能是在单位说一不二惯了，又或者是自觉能力强、见识广，回到家的陈姐对老公和孩子也是颐指气使。什么时候吃饭睡觉，吃什么做什么，女儿要报什么样的课外班、老公要怎样晋升，一切都被她事无巨细地安排到位，并且手把手地严格监控。事无巨细，自己累得不行也就算了，家里老公和孩子也是怨声载道，一年下来，除了必要的交流，两口子也说不上几句话，孩子

更是连房间都不让她迈进一步。陈姐觉得异常委屈，有人给她建议："你老公和孩子又不是你的提线木偶，你要适当放权，不可以继续当一个支配型的妻子和母亲。"

陈姐满脸惊讶："那怎么行？没有我的指导，他们的生活会乱作一团。"

有一天，陈姐女儿的微博下竟然是这样写的："我真是受够你了，妈妈！凭什么我的人生要接受你的指手画脚？总有一天我要远走高飞，脱离你的魔爪！"

你看，你的操心劳力不过换来了人家的怨声载道。孟子曾说："人之患在好为人师。"人与人之间应该是互相尊重，平等交流，生而为人应该时刻保持谦虚、谨慎，时刻保持平等的姿态与他人交流，给他人以自己的空间及自由。那些总是觉得自己一惯正确，容不下他人的意见，肆意地批评指点别人做法的人，就是"好为人师"。

有的人就是这样，自以为人生阅历丰富，受过高等教育，往往肆无忌惮地对别人的生活指手画脚，教育别人，居高临下地认为别人是无知而不成熟的。他们并不觉得这是不尊重他人，反而引以为荣，把这种无礼行为说成是为你好，对你的负责，却不知道，在别人看来他的人生也是如此地不堪一击。他不知道人家对他的默默无语并不是心怀敬畏，而是被他的盲目自信弄得无话可说。

孟子说的"人之患"中的为人师，其实并不是现在的教师职业，而是一种自认为优越的态度。有这种态度的人，他们不知道客观地评价自己的能力和学问，反而是想当然地认为所有的人都不如他，需要他的教导和指正。"自信方能自强"，这话不错！人无自信而不立，但过分自信就会让人忘记了学习，忘记了谨慎，忘记了奋斗。在自我陶醉的温床上懈怠，最后被他人远远地落在身后。

普列汉诺夫也说过："谦虚的学生珍视真理，不关心对自己个人的颂扬；不谦虚的学生首先想到的是炫耀个人得到的赞誉，对真理漠不关心。思想史上载明，谦虚似乎总是和学生的才能成正比，不谦虚则成反比。"

有这样一个故事，19 世纪初，瑞士的日内瓦湖迎来了一位背着画夹四处写生的游客，他就是法国知名画家贝罗尼。

有一天，贝罗尼正在湖边画画，有三名英国女游客走了过来。这三名女游客似乎是非常有艺术修养的，她们对贝罗尼的画作欣赏了一会儿，就开始毫不客气地点评起来。有的说比例不对，有的说这种处理方法不好，总之是把贝罗尼的画作点评了一番。

贝罗尼虚心地把她们说的不足之处一一改正了，并谢谢她们的指教，这三位女游客矜持地摆摆手，示意贝罗尼不要介意这些小事，便离开了。第二天，在另一个写生地点，贝罗尼恰巧偶遇了这三个似乎遇到了难题的女游客，于是上前询问，是否需要帮助。

这三位女游客对他说："我们听说大画家贝罗尼正在这里度假，想找他为我们指点一下画技，可是我们不知道他在哪儿。"贝罗尼笑了："指教不敢当，不过我就是贝罗尼。"

这三位女游客大吃一惊，想到昨天对贝罗尼画作的指手画脚，不好意思离开了。与贝罗尼的谦虚比起来，三位女游客的好为人师让人尴尬。泰戈尔说："当我们大为谦卑的时候，便是我们最近于伟大的时候。"

每个人的人生道路都是独一无二的，你的路只有你自己知道，别人也了解不到。一个人都不能两次踏进同一条河流，何况是两个不同的个体？

社会的复杂远不是我们可以想象到的，每个人的经历也截然不同，想要去成就一个人，那就不要去干涉他。如果你想按照自己的思想去改变一个人或者影响一群人，那么最后妥协的只能是你自己。到了最后你才会发现，所有的好为人师，或者影响他人，不过是你的自以为是而已。

小说家马尔克斯曾在他的告别信里写道："我明白，一个人只有在帮助他人站起时才有权利俯视他。"太把自己当回事，盲目吹嘘自己的人生经验，最有可能的结果就是，你的听众对你弃之敝屣，身边的人对你如临大敌。你以为是高屋建瓴，先知先觉，在他人的眼里不过是自以为是的空谈而已。你的"高瞻远瞩"拯救不了任何人，请不要到处开讲，不要用你的浅薄挑战别人的忍耐，关注自己的内心远比说教别人更有用，你最需要拯救的是你自己。当你控制不住自己内心的优越感而对别人的事情指手画脚滔滔不绝的时候，你很快就会发现，别人的鄙视很快就会将你用指点别人而换来的优越感摧毁得分毫不剩。

每一处不起眼的背后，都可能藏着一份伟大

2002 年是日本的诺贝尔奖丰收年，2000 年、2001 年连获诺贝尔化学奖后，2002 年日本竟然获得了诺贝尔物理奖和化学奖。而化学奖的获得者田中耕一更是大爆冷门，在日本学术界几乎籍籍无名。

田中只在几个不是很重要的期刊上发表过几篇论文，那些论文也没有得到太多关注，日本化学界基本上不知道田中是何许人也。所以当田中成为诺奖得主时，他身边的同事、朋友都觉得有些不可思议，由此可见他平时的低调程度。

就连2001年该奖项的获得者——名古屋大学的野依教授在接受电视台采访时也表示不知道田中的存在，并特意向2000年该奖获得者白川教授询问此人的情况，但是后者对田中也是一无所知。最后野依教授只能尴尬地表示："这说明只要自己努力，不在学术界活跃也能得到诺贝尔奖。"

另外一位被大众熟知的教授在谈起田中时，也说只与其有过一面之缘，无法做详细的评价，只能说感觉田中人很老实，工作热心。在被问到何时何地与田中会面时，他表示只是在购买岛津制作所的分析仪器时，田中为其介绍了产品情况。

田中的履历没有太多耀眼之处，和其他的获奖者相比甚至有些寒酸，这样的反差反而引起更多人对田中的关注。他从小被叔叔婶婶养大，因为他的母亲在他刚出生一个月时就离世了，直到大学时，他才被告知这件事。田中学的是与化学毫无关系的电气工学，毕业于东北大学工学部。他的头上没有教授头衔，既不是硕士也不是博士。

毕业后他在岛津制作所工作，是一名普通的工程师。岛津制作所在业内小有名气，他们生产的仪器可能学物理、化学专业的同学都使用过。但是这家公司在日本算不上大公司，近年来因为种种问题背负了很多债务。田中本人到了四十岁还只是一名一线的主任研究员。这么多年来和他一起入职或者比他晚来的后辈有很多人走上了更高的职位，可田中一直寂寂无闻。

没有人会想到，就是这样一个毕业于日本东北大学电气工程专业，从未发表过重要论文的小人物在本不是他研究方向的化学领域有了重大突破，因为生物大分子的质谱分析法而得到了诺贝尔奖。

田中的励志故事告诉我们，永远不要看不起任何人。在这个世界上有形形色色的人——他们有的没你混得好，有的比你厉害，但是请记住：尊重每一个人。今天你身边的张三，可能明天就会有奇遇，成为你高攀不起的张无忌。

三十年河东三十年河西，不要因为一个人"没本事"而看不起他，更不要因为一个人很有本事就谄媚奉承他，你只要告诉自己，不能轻视任何人。

也许有的人会让你看着不舒服，那是他们自己的生活方式，与你的生活方式格格不入，所以你会觉得扎眼。但是你要记得，一千个人眼里就有一千个哈姆雷特，别人没有义务按照你的心愿去生活、成长，也无须承担你的附加情绪，对于别人的好与坏，你只要接受就好。

前年，老叶投资的一项事业失败了。他的恋人因此离他而去，完全忘记了往日的恩爱；亲友们也因为和他一起投入的资金血本无归而对他抱怨不断，完全想不起当时追着他参与投资的谄媚模样。一时之间，踏入老叶家门的只有债主。

其实也不完全只有债主，还有一个人——那是老叶当年的司机小赵，尽管两人已经没有了雇佣关系，小赵依旧时常上门，有时候是带来赵妈妈包的饺子，有时候帮手忙脚乱的老叶打扫一下卫生，或者帮忙跑腿，交下水电费什么的。虽然他没帮上什么大忙，但就是这点点滴滴的小阳光，也给老叶被世事伤透的心以温暖。

尽管所有人都不看好老叶，但是历经三年之后，他还是东山再起了。这一次，他的公司里没有了之前的那些所谓的亲戚、朋友，但是多了一个年纪不大、资历很浅的赵经理。所有人都说小赵真是走运，可以被叶老板看重、栽培，但是老叶却说，一个人只有在落魄的时候才知道谁是可以真心托付的。一个人没有体会过自己蹲在水井里看别人笑嘻嘻地往下扔石头的困境，就体会不到雪中送炭的温暖。

小赵的可贵在于，他并没有想过老叶渡过难关之后可能有的回报，只是凭借着一颗善良的心，为一个落魄失意的人添一个菜，搭一把手。

请尊重你身边看似卑微的劳动者，扫大街的老大爷、路边卖水的大娘、骑三轮车送快递的小伙子。他们的付出让你的生活更加便利、舒适。也许他们的物质生活远远落后于你，但是他们的精神生活很可能超越了你。看不起别人是带着某些偏见的，别人在某些方面不如你，但是他或许在某些方面比你要强得多，只不过你不知道而已。即使他现在什么都比不上你，可未来什么样，谁说得准呢？

善待你身边的每一个人，你也会得到同样的善待。这折射出的是你的为人、你的底蕴、你的境界。

只重眼前得失，永远到不了远方

朋友小 A 又跳槽了！作为朋友都知道，小 A 是跳槽"惯犯"，每一次跳槽都是转入新的行业，工作五年。这已经是他换过的第四个行业了。都说跳槽穷三年，小 A 也确实将这一句职场俗语演绎得活灵活现，用跳槽求安慰的借口将亲近的朋友"敲诈"了个遍。软磨硬泡，非得每个人都请他大吃一顿安慰他受伤的心与不充盈的钱包才算作罢。

历史总是惊人地相似，这样一边喝着啤酒，一边叹息行业没发展的小 A 也似曾相识。然而，小 A 真的就是入错行了吗？为什么他一次次入一行错一行呢?

小 A 刚毕业就考上了公务员,后来又做过程序员,入过金融行业、干过销售。每一行他都没干多久,不是嫌累,就是嫌工作没前途赚得少,以至于他在每一行都是新人菜鸟,干着最基础的活,拿着最微薄的工资。

小 A 总是感叹:"唉!生不逢时啊!"小 A 到底是怎么了?其实,他只是目光太短浅,太看重眼前一时的得失了,缺少对职业应该有的规划。

因为紧盯着一时的收入让他不能专心地学习专业知识,而盲目追逐起始工资稍微高一些的其他行业,导致他样样通,样样松,每一行都半途而废。可见,眼界之于一个人真是太重要了!

英国作家萨克雷说过,短浅的目光发现不了任何新景象。确实,眼光有多远,世界就有多大。对于这个偌大的世界来说,没有到不了的地方,只是你还没有找到到达的方法。

古人很早就知道眼界对一个人的重要性,因此才有了读万卷书,行万里路的说法。

战国的庄周在《庄子·逍遥游》有云:"朝菌不知晦朔,蟪蛄不知春秋。"用现代汉语来说就是:早晨生出的菌类不到夜里就死去，所以它根本不知道什么是黑夜和黎明；蟪蛄只能活两季，所以它根本不知道一年的四季。

对于朝菌、蟪蛄来说，还可以因为寿命短暂所以见识有限而被原谅，而对于处于知识大爆炸时代的我们来说，目光短浅、孤陋寡闻只会限制你的进步。

生活的道路不会总是一帆风顺，人在漫长的跋涉中总会经受重重的考验。只有独具眼光的人才能在这场特殊的考试中胜出，实现自己的人生价值。

眼光锐利的鹰才能获得更多、更好的食物；目光长远的壁虎才敢自断其尾，以求得一线生机。眼前的生活，看似无迹可寻，眼光卓绝的人却能捕获先机，执掌自己的生活，做生活的主人。

同一个东西，不同的人来定义它，看法不同，用法也就不同，所产生的作用因此而天差地别——不过我们要时刻牢记：产生这种差别的原因并不在于它本身，而是因为我们对它用或者不用，会用或者不会用。决定这个物件价值的，是你的眼界！

眼界宽广的人，相应地，世界也广阔无边，他才会有勇气去拼搏和奋斗。对于一个商人来说，他经营的眼光往往决定了他生意的大小以及用什么样的方式赚钱。如果他有一县的眼光，那么这一县的生意他都可以做；如果他的眼光足以涵盖一个省，那么这一省的生意他都可以做；如果他的眼里装了全世界，那么他的生意可以遍布全世界！

人的眼光决定了人生的高度和广度，或者说会以什么样的方式来成就自我。

如果一个人斗志昂扬，理想远大，那么我们就知道，他的眼光是长远的，相信他也会有美好的未来。

人生有的时候是充满了无奈的，无论怎样运筹帷幄或者是斗志昂扬都无法避免前进道路上的坎坷。很多时候我们会发现，明明步步为营，明明殚精竭虑，却仍然举步维艰。那一刻，我们唯一能做的是坚定信念，目光放长远。

当年轻的霍金不幸患上了肌肉萎缩性侧索硬化症，医生诊断他活不过两年的时候，可想而知，自信于他是崩溃的。接下来的五十年，他一直在轮椅上度过，不能书写，口齿不清，受自己支配的只有三根手指和两只眼睛。他的身体变形严重，左低右高的肩膀支撑着向右倾斜的头，双手内抱，两脚也同样向内扭曲。

霍金没有做错什么，却要面对生活带给他的阻碍。他没有歇斯底里，没有咆哮无措，而是将视线投向了更广阔的世界，不再关注自身的残疾之患。

身残志坚的霍金创造了宇宙的"几何之舞"——无边界条件，超越了相对论、量子力学、大爆炸等理论，成了国际物理界璀璨的新星。霍金用行动告诉我们，尽管他的肉体无助地禁锢在轮椅上，但是思想却遨游到广袤的宇宙时空，无拘无束。

有些人为一次误会而黯然神伤，为失去的岁月而焦虑徘徊，对曾经的辉煌留恋回味。他们这么做尽管没有错，只是他们不知道，囿于曾经的过往毫无意义。只有勉力攀登，登高望远，尽力地扩充原本有限的眼界，人生才能走到一个你所期望的高度。

你的格局有多大，世界就有多大

世界只会被有胆量的人征服

有一天，正在海底小心翼翼爬动的寄居蟹看见了一只奇怪的龙虾，说龙虾奇怪是因为它竟然在努力地把自己身上的硬壳蜕掉！这怎么可以？寄居蟹连忙对龙虾大声喝止："龙虾，你知道你这是在做什么吗？你把自己的保护壳放弃了，万一有一条大鱼冲过来，把你吃掉怎么办啊？就算是没有大鱼，就是一股急流也会要了你的命啊！"

龙虾不以为然地说："谢谢你的关心，但是这就是我们龙虾的生存之道。只有脱掉旧壳才会有机会长得更大，才能有机会长出更加坚硬的新外壳。尽管现在有些危险，但是没有危险，哪里会有机会得到更大的发展呢？"

看着龙虾虽然脆弱却神采奕奕的样子，寄居蟹才明白自己和它的区别："我只是整日东躲西藏，寻找他人的庇护，却没想过发展自身，难怪我永远也不会长大。"

的确如此，每个人都有一定的舒适区，如果想要超越现在，创造出新的、大的成就，就不能故步自封。只有勇于挑战，接受更为猛烈的狂风暴雨的洗礼，才能承担更大的责任，创造更多的奇迹。

人的一生，有一种危险在于过于谨慎。成功与保守是成反比的，虽然不去冒险就不会受到大的损失，但是生活也同样不会有大的成就。只有敢想、敢做、敢于冒险才有机会品尝成功的果实、胜利的喜悦。害怕挑战，比挑战失败更可悲！

挑战是有风险的，就像尽管我们知道山谷里最美丽的花长在荆棘丛中，并且有猛兽守护，但是我们还是会义无反顾地去采摘它。如果成功了，我们就会收获这朵世界上最美丽的花朵；失败了，就会面临前有猛兽后有荆棘的状况。危险是不可避免的，可是如果不想面对危险，就永远得不到那朵世界上最美丽的花朵。

乔布斯曾说："你必须学会面对失败。如果你害怕失败，那就不会取得成功。"

有一天，两个农夫在一起聊天。甲问乙："为什么没种麦子？"

乙回答说："要是不下雨怎么办？浪费了麦种多可惜啊！"

甲又问："那你为什么不种棉花呢？棉花很耐旱的。"

乙忧心忡忡地说："那怎么可以，地里的虫子是不会放过棉花的。"

甲非常不解："那你种了什么样又抗旱又不怕虫子的植物呢？"

乙笑了："我什么都没种，这不就安全了？"

是的，乙的田地是安全的，但是又有什么用呢？他根本也不会有任何收获。虽然农夫乙什么都不种就没有损失，也没有任何风险，可是他丧失了一次可能丰收的机会，也同时丧失了对未来的希望。有位哲人说："害怕风险就是最大的风险。"与之相反，"明知山有虎，偏向虎山行"的人才有机会获得更多的收益，因为冒险而强大。

戴尔是"胆大界"的翘楚，19岁时，他在宿舍用一千美元白手起家，创办公司。

比尔·盖茨的胆量也一样很大，在读大学期间放弃学业，于一片反对声中创办了自己的公司。

对于很多人来说，无论是戴尔还是比尔·盖茨，抑或是马云，他们都是"胆大包天"的冒险家。然而，如果没有当年的冒险，哪会有今天辉煌的戴尔公司、微软或者阿里巴巴呢？

我们应该知道，生活中没有一件事情是毫无风险、百分之百确定可以完成的，即使是我们司空见惯的日常小事也存在失败的风险，只不过是风险比较低而已。风险是一把双刃剑，它可能会导致你的失败，但是如果做好风险管控，你所获得的回报也是大大超过不冒险做事所得。

我们说某件事有风险，就是因为它的不确定因素多于一般的事情，比较难做，保险系数也不高。因此，很多人往往不愿冒险。而那些有成就的人则往往喜欢冒险，因为他们知道：风险就如一汪大海，渡过去了就是艳阳晴川，利润无限；渡不过去，就会大海里翻船，粉身碎骨。

有两个和尚，他们--穷一富，都非常向往去南海取经。不过他们都知道海上大风大浪，而且路程遥远，非常难以到达。有一天，穷和尚来到富和尚面前说："我要去南海了，希望你保重。"

富和尚诧异万分："你只有一个瓶子，一个钵，怎么去南海？"

穷和尚没有动摇,而是说:"身外之物而已,不重要。一瓶一钵,足矣!"

富和尚不禁嘲笑道:"你以为去南海那么简单吗?要是如此容易的话,我早就去了。这一路天高水长,必须有一条大船,加上足够的物资才行。我劝你还是不要做梦了,万一葬身海底就得不偿失了。"

穷和尚没有反驳,而是默默地离开了。一年之后,穷和尚顺利归来,而富和尚却还在为他的大船做准备呢。

生活本来就应该有激情、挑战,只想着安稳、保守,那么就意味着你放弃了进步,放弃了你可能拥有的无限可能。你的胆大心细、敢于尝试,可能会为你的生活带来一些意外和不必要的麻烦,但是如果从来没有过尝试,你将永远处于无知而懦弱的状态。你的安全感只能是自己给的,当你拥有了足够抵御外界变化的生存能力的时候,你才会有勇气来面对无常的世事。真正的心安来自你有能力去适应各种变化,这种适应是从敢于冒险锻炼出来的。当你拥有了这样的能力之后,即使是世事变迁,你都安之若素。

当你为去不去做而纠结的时候,想一想那些胆大的人,他们因为敢于行动,所以才得偿所愿。相信世上的任何人都渴望成功,只是程度和形式不同而已。追逐成功的方式有千万种，但是如果你只是思虑万千，却不付诸行动，那么这一切都不过是白日做梦而已，永远也不会成功。胆量也凸显着一个人的格局，有胆识，行动之时才能放得开手脚，才能以无畏的心态面对前行路上的无数艰险。

人生是你的，不要被别人牵着走

前几天去听一个讲座，主办方安排了两位老师上课。一位是资深教师，理论上的优者；而另一位是青年才俊，行动上的践行者。一个偏理论一个重实践，这样的组合还是比较有噱头的，我很期待。

然而，第一位老师结束了自己的课程，让大家休息了十分钟之后，又回到了大家的视线里。尽管这位老师的第二堂课也很精彩，但是没有听到青年才俊的课总是很遗憾，多方打听才知道为何这第二位老师没来。

原来那位青年老师在不久前参加的一次培训中被一位号称见识广博的专家肆意批判，甚至他还罗列了该老师的"十宗罪"，并且言之凿凿地说这是误人子弟的胡说乱侃。青年老师因为受到了伤害，自此消失在培训界。

我不知道这位青年老师退出培训界的理由是什么，如果真是传言的因为受到"专家"的批评之后心灰意冷，那实在是没有必要。姑且不谈这位"专家"是否有资格对别人的观点指手画脚，大肆指责，单是就现实情况来看，这位青年老师是真才实干地做出来一番事业的，起码他是用行动证明了自身的能力。

能虚心听取别人的意见当然是好的，起码可以多维度地看待一个事情，以便对事情进行深入的分析；不过如果只是毫无判断地全面接受所有的观点，常常会造成自己思维的混乱，反而不利于做出正确的抉择。

"韦奇定律"认为，即使你对事情已经有了自己的看法，但是如果你身边的十个朋友都与你持相反的意见，那你会怀疑自己的判断。确实是这样的，人是社会动物，很难在众说纷纭中独善其身。不过如果我们真的下定决心为了某个目标努力的时候，我们最好相信自己，依据自己的思想做自己的事。

英国第 49 任首相玛格丽特·撒切尔是英国历史上首位女首相，先后三次连任，执政时间长达 11 年。因其政绩突出，执政能力很强而被全世界所熟知，人们习惯称她为"铁娘子"。她的成功得益于父亲的悉心教诲。

童年时的玛格丽特和家人生活在一个叫格兰文森的英国小城，她的父亲罗伯茨在那里经营一家杂货铺，以此养家糊口。从玛格丽特五岁那天起，父亲就致力于把她塑造成"严谨、准确、注重细节、对正确与错误严格区分"的人，懵懂的玛格丽特也一直按照父亲的要求做好每一件事。

玛格丽特去上学了，在学校里她结识了很多新朋友，最让她惊讶的是朋友们的生活要比她的生活精彩很多。朋友们经常在课后一起去街上做游戏，放假时一起骑车四处游玩，去田野里踏青、野餐，别提有多自由多惬意了。而在玛格丽特的印象中，除了劳动和做礼拜的时间外，父亲都要求她学习，根本就没有自由活动的时间，更不用说去田野里玩一整天了。

玛格丽特因此闷闷不乐，她也特别想像小伙伴们那样做一个自由的孩子，尽情嬉戏。在犹豫了几天之后，她终于鼓起勇气央求父亲让她同朋友们一起出去玩。父亲听了她的话立刻变得严肃起来，对她说："不要因为其他孩子都出去疯闹，就认为整天想着嬉戏是对的。你要有自己的想法，做出自己的判断，然后再决定自己的行动。"他又接着说，"爸爸不是想把你困在家里不和别人接触，爸爸只是想你能够利用宝贵的时间多学习知识。嬉戏过后你可能什么都得不到，将来做一个混日子的人。而在知识的海洋中畅游你的收获会很大，你的世界也会变得无限广阔。想想爸爸说的话，你可以自己判断是非了。"

玛格丽特陷入了深思，她最终明白了父亲的良苦用心，不能随波逐流，要独立思考，有自己的想法，这样才能走出一条属于自己的路，而不是做别人的影子。想要脱颖而出，必须闯出一片属于自己的天空。从此她更主动地读书，刻苦学习知识。

比尔·盖茨创业之初，很多人认为他的做法是不明智的。创业不是想当然就能成功的，那必将是一个艰辛的过程，一路披荆斩棘过后不一定是康庄大道，还有可能是万丈深渊。承担如此高的风险从哈佛退学，如果真的失败了，他将会变得一无所有。心理学家弗洛姆说："我相信，人只有实现自己的个性，永远不把自己还原成一种抽象的、共同的名称，不能用一个'人'字涵盖了我们全体，我们每个人才能为人类这个整体做出更大的贡献。人一生恰恰是既要实现自己的个性，同时又要超越自己的个性，为整个人类做贡献，完成这样一个充满着矛盾的任务。"

奥修说："你无法取悦每一个人，如果你试着取悦每一个人，你将会失去自我。"

什么是自我？"我"不光是镜子里的那个形体，不是生活中随处可见的一个动物或者一棵植物，而是一个有思想、有感觉、有痛苦也有欢乐的个体，在"我"的世界中，"我"就是中心，是一切的起源和核心，是所有行动的践行者以及受益者。

再如奥修的另一段话："整个未来新新人类的生命艺术就在于得到这个秘密——意识到、觉知地、仔细地聆听自己的心声，然后想尽、用尽办法跟随它，让它带你到它要去的地方。"如果我们只是按照别人的教导，如傀儡一般生活，什么时候是真正按自己的意愿，做一回自己呢？

帮助他人，你的内心会变得更强大

有人认为，所谓帮助别人会获得快乐是不是一种类似于"圣母"或者"救世主"情结在起作用？当一个人做了好事，帮助了别人之后，潜意识里会觉得自己很高尚，在那一刻自己就是无与伦比的强者，自己"支配者"的地位满足了自己的虚荣心？这么说好像也说得通，但如果真的就像有的人说的那样，帮助别人是获得快乐的源泉，这也太不食人间烟火了。若真如此，人生还有什么烦恼呢？

不过我们不能否认，有的时候帮助别人真的是"现世报"，你献出一点的爱心，得到的却是全世界。而你的爱心也并非只是爱心本身，它透示出的是你的格局。

一个叫约翰的小男孩住在美国俄亥俄州的朗德镇，小男孩的父母在镇上经营棉纱生意，他们那里是棉纱的重要产地，所以经常有商人去那里采购。

一天，约翰在街上玩的时候遇到了一个陌生的中年男人，他看到那个陌生人似乎遇到了什么困难，面色忧郁。约翰下意识走过去问那个陌生人是否需要帮助。陌生人说自己货车轮胎破了，没有修补的工具，车停在这儿没办法继续赶路了。约翰立刻赶回家取来了工具，陌生人十分感激约翰，一边修补轮胎，一边和约翰聊天。

聊天中，陌生人得知约翰家经营棉纱生意，补好胎后便让约翰带他去了父亲的商店，并签下了一笔采购订单。你看，约翰帮助别人时没想太多，却给家里带来了意外的收获。这件事对约翰是否产生了什么影响我们不得而知，约翰长大后进入了商界，而且成了一个了不起的企业家，他所建立的商业帝国你一定听说过——洛克菲勒财团。

第二次世界大战结束后，盟国为了建立新的世界秩序成立了联合国，并决定把联合国大厦定建在纽约。但是在战争中各国都大伤元气，资金大多用于战后重建，拿不出钱购买土地和建设大厦。然而他们收到了洛克菲勒家族无偿捐赠的价值 870 万美元的土地，解了盟国的燃眉之急。在被捐赠的这块地周边的土地也全被洛克菲勒家族购买下来，随着联合国大厦的落成和投入使用，它周边的土地价格暴涨，周边土地的所有者自然是得到了丰厚的回报。

约翰的全名是约翰·大卫森·洛克菲勒，他的慈善事业从未停止过，后辈们都记住了他的教诲，帮助他人会让自己更加强大。

当然，如果你做什么事情或者帮助别人就一定要得到相应的好处，我劝你还是放弃吧。帮助别人并不是等价交换或者回报丰富的投资行为。在很多时候，帮助别人得不到任何物质上的回报才是常态。

帮助别人之后，最先回馈给你的，还是你的内心，你会变得很开心。而困惑于为什么要帮助别人就好像是问太阳为什么要发光一样。帮助别人的人一定是有更为富足的能力的，因此才会开心。反之，吝啬的人，多是对自己的能力怀疑，没有安全感，所以他对生活纠结不安。

当一个人把注意力放在身边少数人身上的时候，那么他的快乐将是非常有限的。如果你能去关爱别人、去帮助别人，你关心帮助的人越多，你的快乐就越多。你之所以珍惜爱情、亲情、友情，是因为身在其中，你和他的感觉是互通的，你会因为他的幸福而幸福。因此，当你的努力让你与千千万万的人情感相关联的时候，你的幸福感将是不可估量的！

有一个女孩，非常喜欢画画，大学毕业之后她加入了动物保护协会，一边工作，一边做义工。有一天，一位志愿者送来了一只被虐待得很惨的小兔子。看着兔子奄奄一息又战战兢兢的样子，女孩心疼极了，马上去买了苜蓿叶和兔粮给它吃。

可是第二天女孩来到救助站之后才发现，苜蓿叶和兔粮几乎没有被动过，她急坏了，连忙去问救助站的兽医。兽医告诉她，一般受过伤害的小兔子情绪都比较低落，基本上活不了几天了。

女孩心疼得直哭，把小兔子抱回了家，为它取名"糖豆"，希望它未来的生活如糖豆一般甜蜜。在她悉心的照料下，糖豆渐渐恢复了健康。不过它腿上的伤每隔两个月就会犯一次，每次都肿起一个大脓包，女孩带着它四处求医问药，花了很多钱。

渐渐地，女孩有点负担不起糖豆以及另外十几只被救助的兔子的医药费了，她萌生了为糖豆募捐的想法。于是她把她和糖豆的日常画成了漫画发在网上，这些画作受到了人们的喜爱，后来她又发售兔子形状的食物，也大受欢迎。女孩受到了鼓舞，一鼓作气地开发与兔子相关的周边产品，现在她已经开了兔子动漫公司，而且公司渐渐盈利了。

原本只是一时心善的救助，却为她带来了可以为之奋斗的事业。不得不说，你的付出，总会以各种形式回馈给你。

当你以天下人的需求为己任的时候，所有人也都会把你放在心里。你没有了偶像包袱的时候，别人反而会把你当成偶像。所以，当你伸出援助之手帮助他人的时候，你不是在献爱心，你是在塑造自己，成就自己！

内心装得下世界，没人会是你的对手

　　什么是胸怀？它是一个人的眼光、胸襟、胆识以及心理各方面要素综合在一起形成的产物。在人的发展壮大过程中，必然会受到胸怀大小的掣肘。胸怀的大小决定了一个人能走多远，能成就多大的事业。

　　看一个人的胸怀就知道他未来的成就会有多大。

　　在英国的一个城市里发生了一起恶意伤人事件，受伤者是一个常年在城市中乞讨的老人。犯罪嫌疑人在一个傍晚用袋子套住老人的头部之后，用棍子狠狠地击打老人脆弱的身体。

这个案件让英国的警察们百思不得其解，会是什么样的原因促使犯罪嫌疑人对这样一个孤苦无依的老人下手呢？他的犯罪动机是什么？老人身上又有什么值得他获取的东西呢？为了破获这起恶劣的伤人案件，英国警察遍寻了老人接触过的人，也数次检查可能留存下老人影像的地区的监控录像，然而都没有找到什么有效线索。

但令人意想不到的是，这个疑案竟然在不经意间破获了。案子的破获非常巧合，是一个同在街上乞讨的老人喝醉了酒，在借着酒劲放肆吹牛时说漏了嘴，说他袭击了那位乞丐。在随后的口供中他是这么交代的：在当天的乞讨中，竟然有一位穿着光鲜亮丽衣服的女士施舍给了被打老人 10 英镑，这让他嫉妒万分，凭什么啊，大家都在街上讨饭吃，就有人主动施舍给你，而没人搭理我？回到住地之后他越想越恼火，于是控制不住内心情绪，找机会打了老人一顿。

看着这让人啼笑皆非的口供，英国警察陷入了迷茫之中，有一个小警察不禁问他："既然你嫉妒那位女士给老人钱，为什么不去打她，而是丧心病狂地去攻击这位老人呢？"

他激动地说："最可恶的是那个走了狗屎运得到馈赠的乞丐，

凭什么他过得比我好？"

听着这个乞丐的话，警察长叹一声："这人永远也就是个乞丐了！他不羡慕满大街光鲜亮丽的人，不嫉妒那些凭借自己的双手创造生活的人，而是把眼光放在一个和他一样一穷二白，凭借着偶然的运气和别人施舍过日子的乞丐身上。我猜如果上帝给他一个随心所欲的机会，他最大的梦想就是将整条街的乞丐清场，只允许他一个人在那里乞讨吧？"是啊，一条街、几个乞讨者便是他眼里的全部。

我们很难依据外部条件看出一个人的胸怀大小，就算是身处囹圄，巴掌大的地方他也可能有关怀整个世界的胸襟；就算是掌握着一个国家，他的胸怀也可能小到只有一根针那么细。胸怀的大小决定了你能看见什么样的风景，经历怎样的世界，结交什么样的朋友。

俗语说："再大的饼也大不过烙饼的锅。"你的胸怀就像是在烙一张饼，每个人都想烙一张大饼，然而饼再大，也要受到锅的限制。能否烙出一个让人满意的大饼，就要看烙饼的锅是否足够大。饼就是一个人的世界，而锅就是你的内心。只要你的内心足够大，天高凭鸟飞，海阔任鱼跃！

胸怀宽广的人胸怀世界，淡泊从容。他们兼容并蓄，能包容很多不平之事；他们博爱无私，能容得下异己；他们视野广阔，不会纠结于眼前的不顺心之事。

美国总统林肯在未当政的时候有几个顽固的政敌，处处与他作对，唱反调，为他制造了很多麻烦，这让林肯阵营的很多官员非常恼火，林肯却不以为然，他说："每个人都有权利做自己认为对的事情啊。"

后来林肯执政后，那几个政敌依然不安分，还时常做出点什么事情。林肯并不介意，还常常示好，试图和他们做朋友来改变他们对他敌对的态度。林肯的智囊团建议他用权力消灭他们，林肯却温和地说："如果他们变成了我的朋友，我不是也一样消灭了我的敌人吗？"

如果人生是一局棋的话，你的结局就是由你的胸怀决定的。棋局的走向虽然和一时一地一子的得失有关，但是最重要的还是整局棋的走向。在这场对弈之中难免会用到舍卒保车、飞象跳马的招数。当你拥有了先舍后得的气度、高瞻远瞩的大局观、谈笑间大局在握的信心与气势的时候，任何人都不会是你的对手。世界广大，任你驰骋。

　　内心广阔的人，荣辱不惊，他的生活因为自己对万事云淡风轻的态度而时刻处在晴朗的天空下。他敢于直面自己的不足，用自己宽广的胸怀赢得别人的认同。

　　一个缺乏知识的人可以去学习，没有能力可以去磨炼，然而胸怀的广阔却只能靠自己修炼。所以请坚持开阔自己的眼界，提高自己的境界，经年之后你会发现，世界尽在心中，你的人生，再无敌手！

复制别人的成功，但必须原创自己的风格

美国著名潜能专家安东尼·罗宾说："别人能够做到的，你同样也能够做到。不管你愿不愿意，只要你按照前人成功的经验去实施，总有一天你也会成功的。"成功的客观因素可能是天时地利人和的产物，但是本质上的因素却只能依靠人，成功的方法可能复制、学习。

那些成功者之所以能获得成功，是因为他们付出了汗水，历经了无数艰辛的磨砺。当你找到那个你想复制的成功人士之后，只要去"模仿"他，你也就能成功了。世界华人成功学权威陈安

之说："成功最重要的秘诀，就是要运用已经证明有效的成功方法。"只有吃透成功者的思考模式，活学活用放在自己的身上，并演绎出属于自己的风格，才能成功。

成功模式是可以复制的，人却不可以。每个人都有自己的风格，有自己所擅长的领域，有自己的喜好，只有为自己量身定做的选择才是最适合自己的，否则即使成功了，也品尝不到成功的喜悦。

卡扎·特玛和卡扎·艾玛是一对同卵双胞胎姐妹，姐姐特玛在高中时有幸拍摄了一个饮料广告，从此走进娱乐圈。在那以后，特玛的电影以及广告合约不断，她甚至准备成为流行歌手。妹妹艾玛对于姐姐的成功心生羡慕，不由得想，一样的脸蛋，一样的生活经历，为什么我不可以踏进娱乐圈呢？于是开始模仿特玛。果然有人发现了她的努力，一些小成本演出邀请艾玛去参加，艾玛也渐渐地为人们所知。

还别说，真的有人注意到了这对耀眼的姐妹花，邀请姐妹二人一同参演电影。然而影片中艾玛的表现并不好，她就像姐姐的影子一样，毫无存在感。大家因此放弃了将艾玛培养成特玛那样的大明星的想法，艾玛只能接一些廉价的商演或者低成本电影。

这样的情况持续了五六年，艾玛厌倦了整天模仿姐姐，完全没有自己的风格，于是决定叛逆一把，接了一部自己喜爱的侦探片，而放弃了姐姐经常出演的爱情片，并以此作为自己演艺事业的新方向。

渐渐地，人们发现在演艺圈中出现了另一个艳光四射却又截然不同的"特玛"，她就是睿智而冷艳的"女侦探"艾玛。在那以后的很长时间里，娱乐圈一直流传着一对截然不同而又异常美艳的姐妹花佳话。人们也不再把艾玛当成特玛的影子，这时候的艾玛，身上散发着她独有的自信气质。

艾玛之前的"错"并不稀奇，很多人都感同身受。如果你正在尝试自己的风格，那么你最好不要畏惧其他人的眼光而轻易改变。当你身上的标签不再是"某二代"的时候，你就成了自己人生的主宰。

模仿成功者，并不是要我们重复走他们走过的路，有时一味模仿反而适得其反。我们要做的是吸取他们的经验，学习他们克服困难的精神，总结出一套自己的成功模式。

模仿别人并不是单纯地照葫芦画瓢，而是揣摩他的内心，理解他的信念和规则，再根据你的具体情况与喜好，演绎出属于你自己的风格，画龙画虎难画骨，没有这些支撑，你的模仿不过是毫无灵气的行尸走肉而已。"邯郸学步"中的燕国人的最终结果是失去了自我，既为难自己又难看。

提及借助模仿而实现超越的典范，就绕不开腾讯。ICQ 于1996 年诞生，并且在两年后成功地占领了中国即时通信市场。三年后在一间深圳民房里，有两个"码农"正雄心勃勃地研发着，终于在两年后推出了 QQ，这两个码农就是马化腾和张志东。

彼时的 QQ 丝毫没有现在流畅而细腻的样子，相当粗糙。受到大家的关注不过是因为它拥有中文界面而已。当然，中文界面也不是 QQ 首创，当时的市面上还存在着一大批相同类型的通信软件：PICQ、TICQ、GICQ、新浪寻呼、雅虎即时通……

在竞争如此激烈的情况下，腾讯显示出了非凡的"眼光"，其不单复制了别人的成功，还开发了属于自己的创新技术，因而迅速在同类软件中杀出了一条血路——

因为 ICQ 的全部信息都存储在用户端，因此当客户换了电脑之后，曾经加过的好友将会消失。而 QQ 克服了这个问题，把用户资料存储在了云服务，方便客户在任何终端里交流。

腾讯 QQ 不仅创造了隐身登录的功能，还超越了 ICQ 不能个性化设置，只能在好友在线的时候聊天的弊端；ICQ 通过为企业定制即时通信软件而盈利，但是 QQ 却一直坚持免费为广大消费者服务的理念……可以说，QQ 的成功依赖于马化腾把 ICQ 的软件理念发展为了互联网理念，在 ICQ 的基础上发展出了属于 QQ 独有的风格。短短的一年时间，QQ 已经成了即时通信市场名副其实的"武林盟主"，完成了市场的统一。

在探索的路上，我们可以复制他人的成功，但是如果做不到在别人的基础上有所思考、有所延伸，创造属于自己的风格，也只是"东施效颦"而已。

别把最糟糕的一面留给爱你的人

和以前公司的同事聊天，偶然得知，公司里的另一位同事离婚了。大家完全不能相信，因为那个同事在公司很得人心，为人热情爽朗，无论是同事还是领导都很喜欢他，这样的人怎么会离婚呢？

这名同事妻子的好朋友向其他同事揭开了谜底：在工作中与人相处时他总是满面和气，但是回到家中说变脸就变脸。一点小事不随他的心意他就会十分生气，如果争几句他立即暴跳如雷。而他在单位常常帮别人做事，给困难的人捐款，回到家却连鞋子都不会放到鞋架上，更舍不得给妻子买礼物、花。

或许，你身边也有很多这样的人，习惯性地把好的一面展现给外人，却把自己最糟糕的一面留给爱他的人。因为他们爱你，所以向他们发脾气的成本很低；反正是一家人，发多大的脾气也会得到原谅，也正是这样的想法让他们一点一点降低底线，渐行渐远。

然而你有没有想过，世界上的人有万万千千，最值得你用心呵护、温柔以待的，恰恰是那些爱你的人。

有一部纪录片，讲述心理医生如何让心理受过严重创伤的人重新感受到幸福。在对这些病人进行访谈时，他们的病因很多是因为在童年时期心理一直处于被压抑、被伤害的状态。家人不断用恶毒的言语撕扯他们那原本就十分幼小的心灵，让他们失去了爱与被爱的能力、失去了感受快乐与幸福的能力。从此在无限自卑中长大。这种现象被称为"踢猫效应"，弱者为了发泄心中的不满，只能找比他弱小的人欺负，被欺负的人成了那只可怜的猫。越是亲近的人就越不用掩饰自己，将自己的负面情绪转向身边可怜的孩子。

一个人连自己最亲近的人都不能温柔对待，无论他做了多少好事，收获了多少枚勋章，他都是一个失败者，一个不可深交的人，更是一个没有格局的人。

作为孩子的父母，你需要承担起陪伴孩子的责任，因为双亲的态度决定了一个家庭的温度。很多家长用他们在努力工作、拼命赚钱、经常出差还要频繁应酬作为借口，把孩子的生活起居和学习玩耍全都扔给老人，成了孩子心中的"假爸爸""假妈妈"。

但是你可知道，孩子成长中各种各样的问题是因为缺乏父爱和母爱造成的。缺爱主要的表现有脆弱、自卑、焦虑、没有安全感，再严重一些会表现出偏激、暴力或自虐倾向。这听起来很吓人，是吗？但是这样的情况很容易避免，多陪陪孩子，陪他聊天、玩玩具、参加户外活动，比给他买昂贵的玩具、衣装，上昂贵的兴趣班管用得多。引用周杰伦《外婆》里的一句歌词："她要的是陪伴，而不是六百块，比你给的还简单。"所以，爸爸别再躲在一边玩游戏了，妈妈也应停下自己手中的事，要知道不称职的家庭教育会埋下隐患。

都说在一起生活多年后，夫妻之间的感情从爱情变成了亲情。两个人成了一起还房贷、养老人、带孩子的战友，成了"兄弟"。

然后两个人之间不再像刚结婚时那样如胶似漆，而是渐渐独立，在完成了上面几项重要任务后，本该一起享受生活，却发现两人之间似乎少了些什么。

是的，我们很多人都不善于表达感情，特别是心中的爱。认为在一起时间久了，爱不需要说出来。在一起的时间越久感情越淡是不正常的，同美酒一样，感情应该随着时间的增长而变得更加醇厚，而不是将所有的香甜都挥发掉。爱情需要经营，需要用心浇灌心中的花蕊。无论如何也要在繁忙中抽出时间陪陪爱人，享受一下慢时光。迎着朝阳一起晨跑，去市场买菜一起做一顿丰盛的午餐，去电影院看一场期待很久的电影，在夕阳下肩并肩手牵手，走一走恋爱时走过的小路，感受静好的岁月。每天说一遍我爱你，爱情需要一种仪式感。永葆甜蜜的爱情、恋爱的激情，你的生活才不会陷入千篇一律的乏味之中，无法自拔。

看过一个小故事。儿子旅游回来带回了一些芭乐。父亲没有见过，于是问儿子，儿子回答说是芭乐。后来父亲没记清又问了两遍。儿子不耐烦了，抱怨父亲连芭乐也记不住，还问个不停。父亲对儿子的态度感到难过，黯然地回到卧室。母亲了解了情况，于是给儿子讲他小时候的故事。

　　他们老家门口的杨树上有一个喜鹊窝，夏天总能看到喜鹊飞来飞去，年幼的儿子每天问爸爸：杨树上的是什么鸟。爸爸每天都要回答十几二十次，就这么天天问来问去，儿子终于记住那是喜鹊了。父亲替儿子高兴，整个过程中并没有一丝厌烦。

　　在我们小时候，无数次把家里的地板弄脏、把自己的衣服弄脏、把爸爸妈妈的东西弄坏……父母从来都是帮我们收拾好烂摊子，然后说一句"下次不许如此"了。在我们蹒跚学步时，父母弯着腰在后面保护，然后不厌其烦地教我们正确的走路姿势。吃饭时，教我们怎么用筷子吃饭、怎么自己穿衣服……

　　所以当父母年纪大了，我们要像他们曾经对我们那样有耐心。别嫌他们不再那么手脚麻利，别嫌他们不再耳聪目明，别嫌他们不再顶天立地。他们燃烧自己，只为我们成长的路上有光明、有温暖。

　　父母对子女的爱是天下最无私、最不计回报的爱。因此我们更要珍惜这份爱，回报这份爱。试问有比父母、伴侣、子女对你更好的人吗？肯定没有，所以爱他们吧，对他们好些。不要把好的一面都给陌生人，对最亲近的人好才是最重要的，没有了他们，我们所做的一切将没有任何意义。

　　最亲近的人总是容易被忽略，现在就问问自己，平时忽略他

们了吗？是不是也把自己的垃圾情绪带给了他们？是不是也做过

不该做的事或者说了不该说的话？

安然接纳，一切都是最好的安排

最近一篇文章《"中年危机"确实存在》在网上被热传。文章将"15到24岁"的人定义为青年，很多90后也大呼中年危机马上就要来了。

30岁可能是一个分水岭，在很多青年人的心里，而立之年起码要有车、有房、有存款，并且在工作上有所建树。然而，事实是，大部分人在30岁时也依然没有实现这些目标，因此诱发了一系列的焦虑：时间不多了，我该怎么办？

为了对抗这种焦虑，很多而立之年的人都在忙于打拼事业、晋升职位，来证明自我的价值，但随之而来的是新的焦虑。在工作了一天后，你做完了家务，哄睡了孩子，端起笔记本开始写方案、做设计、编代码、看电子书，你是不是被自己的勤奋感动了？然而你发现，你身边的同事、朋友、同学工作比你好、工资比你高、房子比你的大，甚至比你还努力拼搏。于是你意识到，每天晚上多努力那么一会儿似乎意义不大，你始终追不上别人的脚步，甚至被越甩越远。你又陷入了更大的焦虑，这种焦虑似乎要把你吞没掉。

我身边就有很多这样的例子。我的同事 A 每天要工作 12 个小时，但是他却认为自己不够努力；同学 B，把自己同这个比，同那个比，发现自己一无是处，焦虑到每天失眠；朋友 C，三十几岁就已经鬓白如雪，整天念叨着孩子不好培养……三十几岁的 80 后仿佛突然之间变成行将就木的老年人了，突然感觉到稍有不慎就将被社会淘汰。你的身体、你的白发、你身边二十出头的人都在时刻提醒着你，中年就要来了。

有一篇关于"贤妻"刘涛的采访很能触动人心：身怀六甲的刘涛陪着丈夫王珂漫游世界，原因是王珂生意失败，患上了抑郁症，药物治疗很容易成瘾，所以他们夫妻二人暂停手中的一切事务，开车从南到北、从东到西随意驰骋。在游历了很多地方以后，王珂找回了自己，他对刘涛说："老婆，谢谢你陪着我，我们回家吧，我好了，我们共同努力一定能闯过去。"

现在的王珂，每天有更多的时间陪孩子、陪老婆，即使不能再在商界呼风唤雨，换来和风细雨的恬淡生活也是一种收获吧。

你看，生活除了眼前的苟且，诗与远方也一直都在。不过多数人被欲望蒙蔽了双眼，只认现实的名利，却看不到满天星辰，看不到静好时光。也许人并不需要得到一切才能感到幸福。在纷纷扰扰的世界里，只要抓住对自己最重要的东西，并且不断前进，同时抛开那些可有可无的欲望，在舍与得之间做出正确权衡，幸福就会随之而来。

由于作家冯唐的走红，似乎大家都认可了中年男人的"油腻"。不得不说这个词用得十分恰当。从外表上来看，"油腻"的人是什么样子呢？满面油光、衣着邋遢、发型散乱，可能因为头发越来越稀疏，留得长些看上去头发还多一些。再有肚腩突出、一条大"游泳圈"缠在腰间，还很有可能肥肉从衣衫里探了出来。比肉体的颓败更可怕的是精神深处的堕落。中年人没有了从前的朝气蓬勃，让人很难再产生精明强干的联想。从平时的懒惰与懈怠中可以看出混日子的百无聊赖，更严重的是性格的趋同化。不想开拓创新，只想钻营功利；不想据理力争，只想巴结奉承；不求有功，但求无过。事实上，这种现象不单出现在中年人群中，也不单出现在某个国家，而是一种较为普遍的现象。任何人从内心都不愿意成为"油腻"的中年人，都非常抵触这种说法，实际上是对其感到恐惧，恐惧的不是"中年"，而是"油腻"。

罗曼·罗兰有一句名言："世界上只有一种真正的英雄主义，就是认清了生活的真相后还依然热爱它。"是的，人到中年听起来不美好，生活中的各种压力在持续加码，没有良好的自我调节能力、不保持好的心态，生活就会变得一团糟。但是，如果能够与压力、与自己和平相处，你将重新获得强大的力量，这种力量虽不及青年人的爆发力十足，但是却浑厚绵长，能帮助你重新找回自己。就像村上春树说的："不纠结、不忧虑当下与未来，眼前的一切已经不一样。"

雷·克洛克在 1977 年出版的自传中写道："那时我 52 岁，有糖尿病和关节炎，切除了胆囊和甲状腺的大部分。可是我仍然深信，美好的日子就在前方，将会到来。"写下这段话的时候他

75 岁，是世界上最有钱的人之一，创造了当时这个星球上知名度最高的品牌 M——麦当劳。

难以想象，在 1954 年，已经年过半百的他还以推销奶昔售卖机为生，而且他的销售工作也很不顺利，经常把自己弄得灰头土脸。

雷·克洛克把普通人的老年期过得风生水起，完成了从"屌丝"到人生巅峰的逆袭。那么 30 岁的你还有什么可伤春悲秋的呢？你的人生才刚刚开始呀！你还可以幼稚，可以适当地自我调节和为心灵进行滋养，可以偶尔放缓脚步，在运动与阅读中积蓄力量，在大自然中饱满自己的灵魂，这样的人生才经得起风雨、受得起荣耀。

对一个 30 岁的人来说，这是对抗岁月流逝最好的方式——平心静气，看风卷云舒，命运自有安排。